U0626382

高等职业教育系列教材

单片机技术与应用

主　编　侯爱霞　李　慧

副主编　何　杰　田　丰　程佳佳　王　超

参　编　蒋祥龙　冯宝祥　关有为　曹　勇

机械工业出版社

本书以 51 系列单片机为基础，详细介绍了单片机的应用技术。本书将岗位技能要求、职业技能竞赛、职业技能等级证书标准有关内容有机融入，是"岗课赛证"融通式教材。本书结合在线课程等多种配套资源，是可听、可视、可练的新形态立体化教材。

本书共有 7 个项目，主要包括 LED 流水灯设计、简易抢答器设计、抽奖器设计、简易秒表设计、简易电子琴设计、温度检测报警系统设计、数字电压表和 D/A 转换器设计。所选项目通过仿真软件可以看到程序的运行结果，也可以实际动手制作。本书以培养单片机技术能力为主线，体现了"教、学、做"一体化的教学思想。

本书可以作为高职高专院校和继续教育学院机电一体化技术、电气自动化技术、电子信息工程技术及物联网应用技术等专业的教材，也可以供从事单片机应用与产品开发等相关工作的工程技术人员参考使用。

本书配有教学视频等资源，可扫描书中二维码直接观看，还配有电子课件、课后练习参考答案等，需要的教师可登录机械工业出版社教育服务网（www.cmpedu.com）免费注册后下载，或联系编辑索取（微信：13261377872，电话：010-88379739）。

图书在版编目（CIP）数据

单片机技术与应用 / 侯爱霞，李慧主编 . -- 北京：机械工业出版社，2025. 6. --（高等职业教育系列教材）. -- ISBN 978-7-111-78164-6

Ⅰ. TP368.1

中国国家版本馆 CIP 数据核字第 2025QX6283 号

机械工业出版社（北京市百万庄大街 22 号　邮政编码 100037）

策划编辑：曹帅鹏	责任编辑：曹帅鹏　王　荣
责任校对：甘慧彤　马荣华　景　飞	责任印制：张　博

北京机工印刷厂有限公司印刷

2025 年 6 月第 1 版第 1 次印刷

184mm × 260mm · 13 印张 · 329 千字

标准书号：ISBN 978-7-111-78164-6

定价：55.00 元

电话服务	网络服务
客服电话：010-88361066	机 工 官 网：www.cmpbook.com
010-88379833	机 工 官 博：weibo.com/cmp1952
010-68326294	金 书 网：www.golden-book.com
封底无防伪标均为盗版	机工教育服务网：www.cmpedu.com

Preface

前　言

　　本书是编者在多年的单片机教学研究和工程实践基础上参阅相关资料编写而成的。本书全面讲述了单片机的硬件结构及主要实用技术，并介绍了单片机应用系统设计的一般方法、步骤及常用的开发工具，力求反映单片机应用及教学领域的发展和趋势。

　　本书内容以提高学生动手能力为主线，注重基本操作和实际应用的训练，充分体现了高等职业教育的特点，着眼于高职高专为生产一线培养技术应用型高级人才的目标。本书以"项目式教学"方式组织内容，突出职业教育的新理念；以就业为导向、以学生为主体、以能力为本位，积极倡导"做中学，做中教"的职业教育教学方式，注重学生的职业技能和职业素养的培养。

　　本书融入了"1+X"职业技能等级标准、全国大学生电子设计竞赛和职业标准（规范）等内容，推动"岗课赛证"融通；在项目中融入大国工匠精神、劳模精神、工程技术人员的职业道德等思政元素，引导学生树立正确的世界观、人生观、价值观以及爱国情怀，让学生在获取知识的同时，思想素质也能得到提升。

　　本书邀请行业企业技术人员、能工巧匠深度参与编写，强化行业指导、企业参与，引入企业真实项目作为教学案例，增强学生实践操作、与社会接轨的能力。

　　为便于教学，本书开发了配套的多媒体课件、教学视频、项目案例、知识拓展、课后练习参考答案和考试题库等教学资源，读者可通过扫描书中对应位置的二维码获取，方便、直观、快捷，既满足教师教学需要，也方便读者自学。

　　本书由重庆科创职业学院侯爱霞、李慧任主编，重庆科创职业学院何杰、田丰、程佳佳和重庆城市职业学院王超任副主编，重庆科创职业学院蒋祥龙、重庆文理学院关有为、重庆城市职业学院曹勇、广州粤嵌通信科技股份有限公司冯宝祥参与编写。项目1由何杰、关有为编写，项目2由侯爱霞、曹勇编写，项目3由王超编写，项目4由程佳佳、蒋祥龙编写，项目5由李慧编写，项目6由田丰编写，项目7由侯爱霞、冯宝祥编写。全书由侯爱霞统稿。

　　为了保持本书仿真图与Proteus软件图形符号的一致性，本书部分电路图保留了软件中的电气符号画法，因此部分电气符号与现行国标不一致。

　　由于编者水平有限，书中难免会出现不妥之处，恳请各位读者批评指正。

编　者

二维码资源索引

目 录 Contents

项目 3 　抽奖器设计 ················· 61

项目 4 　简易秒表设计 ··············· 80

项目 5 简易电子琴设计 ………… 114

项目 6 温度检测报警系统设计 ………… 136

项目 7　数字电压表和 D/A 转换器设计 …… 183

参考文献 …… 200

项目 1　LED 流水灯设计

项目导读

　　随着电子技术与 IC（集成电路）工艺的不断发展，单片机技术应用已经渗透到人类生产生活的各个领域，不断影响着工业生产方式与人类生活方式。那么，如何利用单片机及其外设控制各种智能电子产品、电子设备呢？一个单片机应用系统由哪些部分构成呢？各部分又具有什么功能呢？本项目我们将一起学习单片机系统的核心结构——单片机最小系统，掌握单片机最小系统的组成以及各部分的电路原理，从而能够根据需要设计出形式多样的 LED 流水灯。

项目目标

知识目标	1. 了解单片机的发展历史 2. 了解单片机的内部结构特征和引脚功能 3. 掌握国产 STC89C51 单片机的最小系统组成 4. 掌握单片机 CPU（中央处理器）、晶振、程序存储器、数据存储器的作用
技能目标	1. 掌握国产化单片机最小系统模块搭建的技能 2. 掌握使用 Proteus 软件设计单片机最小系统硬件电路的技能 3. 掌握使用 Keil 软件设计单片机最小系统程序的技能 4. 用 51 系列单片机 I/O 口控制外部电路点亮 LED（发光二极管）
素养目标	1. 弘扬爱国敬业精神、劳动精神、工匠精神、大国工匠精神 2. 培养坚定理想、坚定信念、家国情怀、无私奉献精神 3. 培养爱岗敬业、严谨细致、精益求精、求真务实、团队协作精神 4. 遵守职业操作规范、环境清洁、安全用电、5S 管理规范

任务 1.1　认识单片机

　　随着电子技术的飞速发展，计算机已渗透到人类生活的各个方面，影响着整个社会，改变着人类的生活方式。根据规模不同，计算机可分为巨型计算机、大型计算机、中型计算机、小型计算机和微型计算机。微型计算机向着两个不同的方向发展，一个是高运行速度、大容量、高性能的高档计算机方向，另一个是稳定、可靠、体积小、成本低的单片机方向。

1.1.1　单片机基础知识

　　单片机的全称为单片微型计算机（Single Chip Microcomputer），又称为微控制单元（MCU）。单片机是一种采用超大规模集成电路技术，把具有数据处理能力的 CPU、随机存储器（RAM）、只读存储器（ROM）、基本输入输出（I/O）端口电路、中断系统、定时/计数器等集成在一个芯片上，构成一个小而完整的微型计算机系统，从而实现微型计算机的基本功能。单片机内部结构示意图如图 1-1 所示。

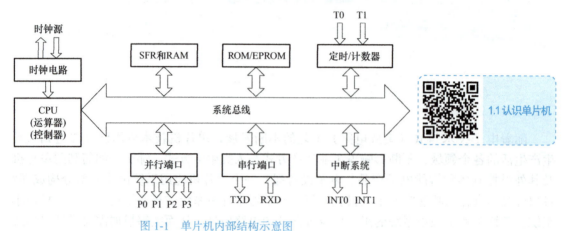

图 1-1 单片机内部结构示意图

SFR—特殊功能寄存器 EPROM—可擦可编程只读存储器

单片机把微型计算机的各种功能部件集成在一个芯片上，大大缩短了系统内信号的传送距离，不仅降低了系统成本，还提高了系统的可靠性和运行速度。因此在工业控制领域，以单片机为核心的控制系统得到了广泛应用。单片机系统是典型的嵌入式系统，是嵌入式系统低端应用的最佳选择。

1. 单片机的发展历史

1971 年英特尔（Intel）公司的霍夫研制成功世界上第一个 4 位微处理器芯片 Intel 4004，微处理器和微机时代从此开始。Intel 4004 如图 1-2 所示。

（1）单片机的探索阶段

20 世纪 70 年代，仙童（Fairchild）半导体公司首

图 1-2 Intel 4004

先推出了第一款单片机 F-8，随后英特尔公司推出了影响力更大、应用范围更广的 MCS-48 系列单片机。这一阶段的单片机功能较差，一般没有串行 I/O 口、A/D（模/数）转换器和 D/A（数/模）转换器，中断控制和管理能力也较弱，并且寻址范围小（小于 8KB）。MCS-48 系列单片机的推出标志着单片机进入了智能化嵌入式应用的芯片形态的探索阶段。

（2）单片机的完善阶段

1980 年，英特尔公司在 MCS-48 系列单片机的基础上推出了 MCS-51 系列单片机。该系列单片机在芯片内集成了 8 位的 CPU、4KB 的 ROM、128B 的 RAM、4 个 8 位并行 I/O 口、1 个全双工串行口、2 个 16 位的定时/计数器，寻址范围为 64KB，并且集成了控制功能较强的布尔处理器。此阶段单片机的主要特点是结构体系完善，性能大幅提高，面向控制的特点和性能进一步突出。MCS-51 系列单片机在结构上的逐渐完善，确定了它在这一阶段的领先地位。

（3）单片机向微控制器发展的阶段

英特尔公司推出的 MCS-96 系列单片机，将一些用于测控系统的 A/D 转换器、程序运行监视器、脉宽调制器等添加到芯片中，体现了单片机的微控制器特征。16 位单片机除了 CPU 为 16 位以外，其片内 RAM 和 ROM 的容量也进一步增大，实时处理能力更强。英特尔公司将 MCS-51 系列单片机的核心技术授权给各大芯片设计厂商，许多芯片设计厂商竞相使用 80C51 内核，将许多测控系统中使用的电路技术、接口技术、可靠性技术应用到单片机中，增强了单片机的外围电路功能，同时强化了其智能控制的特征。至此，微控制器成为单片机较为准确的表达名词。

（4）单片机的全面发展阶段

单片机发展到这一阶段，表明其已成为工业控制领域普遍采用的智能化控制工具。为了满足不同的要求，出现了高运行速度、大寻址范围、强运算能力和具备多机通信能力的 8 位、16 位、32 位通用型单片机以及小型廉价、外围系统集成的专用型单片机，还有功能全面的单片系统（System on Chip，SoC），标志着单片机进入了全面发展阶段。

（5）国产化单片机发展

深圳市宏晶科技（STC）有限公司是全球最大的 8051 单片机设计公司，STC 是 SysTem Chip（系统芯片）的缩写。STC89C51RC 是采用 8051 内核的 ISP（In System Programming，在系统可编程）芯片，最高工作时钟频率为 80MHz，片内含 4KB 的可反复擦写 1000 次的 Flash 只读程序存储器，器件兼容标准 MCS-51 指令系统及 80C51 引脚结构，芯片内集成了通用 8 位 CPU 和 ISP Flash 存储单元，具有 ISP 特性，配合 PC（个人计算机）端的控制程序即可将用户的程序代码下载到单片机内部，无须购买通用编程器，而且速度更快。国产单片机如图 1-3 所示。

图 1-3　国产单片机

2. 单片机的封装

单片机的封装按形式不同可分为 DIP（双列直插式封装）和 PQFP（塑料方形扁平式封装），如图 1-4 和图 1-5 所示。

图 1-4　DIP

图 1-5　PQFP

DIP 属于插片式的封装，是最常用的封装形式，插拔、焊接方便，容易加工，体积较大，适合制作样机时采用。DIP 的缺口侧面圆形标记处为引脚 1，引脚按逆时针方向排列。

PQFP 属于表面贴装式的封装，外形呈正方形。PQFP 的引脚通常呈翼形，且体积更小，其缺口侧面圆形标记处为引脚 1，适合在批量生产时采用。

3. 单片机结构

51 系列单片机最常采用的封装是 40 个引脚的 PDIP（塑料双列直插式封装），其引脚的排列顺序与其他采用 DIP 的引脚排列顺序一样，都是从芯片缺口左侧那一列引脚开始逆时针排列，依次为引脚 1～引脚 40。PDIP 如图 1-6 所示。

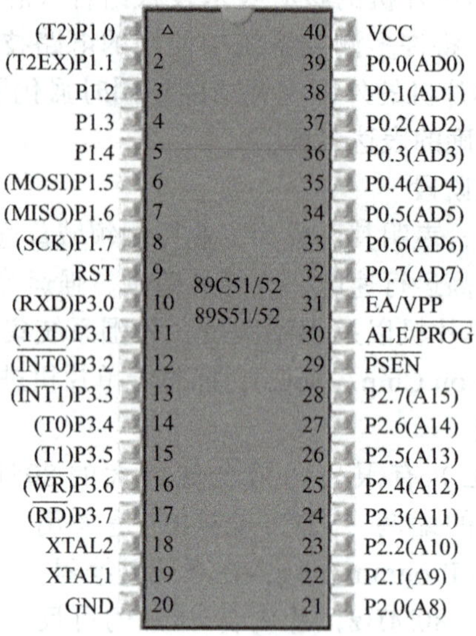

```
  (T2)P1.0 ┤ 1          40 ├ VCC
(T2EX)P1.1 ┤ 2          39 ├ P0.0(AD0)
      P1.2 ┤ 3          38 ├ P0.1(AD1)
      P1.3 ┤ 4          37 ├ P0.2(AD2)
      P1.4 ┤ 5          36 ├ P0.3(AD3)
 (MOSI)P1.5┤ 6          35 ├ P0.4(AD4)
 (MISO)P1.6┤ 7          34 ├ P0.5(AD5)
  (SCK)P1.7┤ 8          33 ├ P0.6(AD6)
       RST ┤ 9          32 ├ P0.7(AD7)
 (RXD)P3.0 ┤ 10  89C51/52  31 ├ EA/VPP
 (TXD)P3.1 ┤ 11  89S51/52  30 ├ ALE/PROG
(INT0)P3.2 ┤ 12         29 ├ PSEN
(INT1)P3.3 ┤ 13         28 ├ P2.7(A15)
  (T0)P3.4 ┤ 14         27 ├ P2.6(A14)
  (T1)P3.5 ┤ 15         26 ├ P2.5(A13)
  (WR)P3.6 ┤ 16         25 ├ P2.4(A12)
  (RD)P3.7 ┤ 17         24 ├ P2.3(A11)
     XTAL2 ┤ 18         23 ├ P2.2(A10)
     XTAL1 ┤ 19         22 ├ P2.1(A9)
       GND ┤ 20         21 ├ P2.0(A8)
```

图 1-6 PDIP

在 40 个引脚中，电源引脚有 2 个，外接晶振引脚有 2 个，控制引脚有 4 个，4 组 8 位 I/O 口引脚有 32 个，下面对引脚的定义进行说明。

（1）电源引脚（2 个）

1）VCC（引脚 40）：接 5V 直流电源。

2）GND（引脚 20）：接地。

（2）外接晶振引脚（2 个）

1）XTAL1（引脚 19）：片内振荡电路的输入端。

2）XTAL2（引脚 18）：片内振荡电路的输出端。

（3）控制引脚（4 个）

1）RST（引脚 9）：复位引脚，该引脚上出现 2 个机器周期的高电平时单片机复位。

2）PSEN（引脚 29）：片外存储器读选通引脚。从片外 ROM 读指令期间，每个机器周期出现两次 PSEN 信号有效。但当访问片外 RAM 时，这两次有效的 PSEN 信号将不会出现。

3）ALE/PROG（引脚 30）：地址锁存允许引脚。当访问片外存储器时，ALE 端的输出信号用于锁存地址的低位字节。当不访问片外存储器时，ALE 端仍以不变的频率（此频率为晶振频率的 1/6）输出脉冲信号。在 Flash 编程期间，PROG 用于输入编程脉冲。

4）EA/VPP（引脚 31）：ROM 的内外部选通引脚。该引脚接低电平表示从片外 ROM 读指令，接高电平表示从片内 ROM 读指令。一般选择存储容量大于实际代码需求容量的单片机进行设计，所以不需要扩展片外 ROM，此时该引脚应当连接高电平。

（4）I/O 口引脚（32 个）

1）P0 口（引脚 32～39）：P0 口是双向 8 位三态 I/O 口，名称为 P0.0～P0.7，每个口可独立控制，内部没有上拉电阻，为高阻状态，所以不能正常输出高低电平。因此使用 P0 口时务必外接上拉电阻，一般选择接入 10kΩ 的上拉电阻。此外，当访问片外 ROM 和片外 RAM 时，P0 口是分时复用的低 8 位地址（A0～A7）或数据总线（D0～D7）。

2）P1 口（引脚 1 ～ 8）：P1 口是准双向 8 位 I/O 口，名称为 P1.0 ～ P1.7，每个口可独立控制，内部带上拉电阻，输出没有高阻状态，输入也不能锁存，因此不是真正的双向 I/O 口。对于 52 子系列单片机，引脚 P1.0 的第二功能为 T2（定时 / 计数器 2）的外部输入端，引脚 P1.1 的第二功能为 T2EX（捕捉、重装触发），即 T2 的外部控制端。

3）P2 口（引脚 21 ～ 28）：P2 口是准双向 8 位 I/O 口，名称为 P2.0 ～ P2.7，每个口可独立控制，内部带上拉电阻，与 P1 口相似。此外，当访问片外 ROM 和 16 位片外 RAM 时，P2 口送出高 8 位地址（A8 ～ A15）。

4）P3 口（引脚 10 ～ 17）：P3 口是准双向 8 位 I/O 口，名称为 P3.0 ～ P3.7，每个口可独立控制，内部带上拉电阻。当使用第一功能时，P3 口作为普通 I/O 口，与 P1 口相似。当使用第二功能时，其各引脚作用如下：

① P3.0：RXD 串行输入。

② P3.1：TXD 串行输出。

③ P3.2：$\overline{INT0}$ 外部中断 0 输入。

④ P3.3：$\overline{INT1}$ 外部中断 1 输入。

⑤ P3.4：T0 定时 / 计数器 0 外部输入。

⑥ P3.5：T1 定时 / 计数器 1 外部输入。

⑦ P3.6：$\overline{WR}$ 外部数据存储器写选通。

⑧ P3.7：$\overline{RD}$ 外部数据存储器读选通。

值得强调的是，P3 口的每个引脚均可独立定义为第一功能状态或第二功能状态。在单片机上电复位后，P3 口自动处于第一功能状态，也就是静态 I/O 口的工作状态。根据应用的需要，对特殊功能寄存器进行设置可将 P3 口设置为第二功能状态。在实际应用中会将 P3 口的某几个引脚设置为第二功能状态，使另外几个引脚处于第一功能状态。在这种情况下，不宜对 P3 口进行字节操作，而应对其进行位操作。

1.1.2　单片机最小系统

1.2 单片机
最小系统

单片机最小系统是指能够维持单片机正常工作的最小工作单元。单片机最小系统主要包括复位电路、时钟电路、电源电路和程序选择电路，如图 1-7 所示。

1）复位电路：系统刚上电时，单片机内部的程序还没有开始执行，需要一段准备时间，也就是复位时间。一个稳定的单片机系统必须设计复位电路。当程序跑飞或单片机死机（类似于计算机死机）时，也可以通过复位电路进行系统复位。当单片机的复位引脚 RST（引脚 9）出现 2 个机器周期以上的高电平时，单片机就执行复位操作。如果 RST 持续为高电平，单片机就处于循环复位状态。

2）时钟电路：单片机系统晶振，全称为晶体振荡器，结合单片机内部电路产生单片机所需的时钟频率。晶振提供的时钟频率越高，单片机运行速度就越快，单片机一切指令的执行都建立在晶振提供的时钟频率上。

3）电源电路：为整个系统提供电源。电源的稳定可靠是系统平稳运行的前提和基础。51 单片机虽然使用时间最早、应用范围最广，但是在实际使用过程中有一个典型的问题，就是相比于其他系列的单片机，51 单片机更容易受到干扰而出现程序跑飞的现象，避免这种现象出现的重要手段就是为单片机系统配置一个稳定可靠的电源电路。

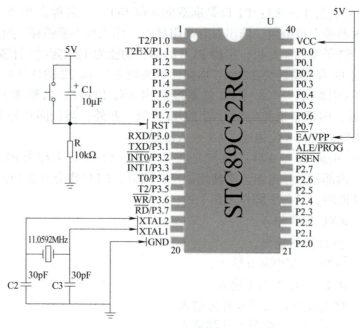

图 1-7　单片机最小系统

4）程序选择电路：程序选择电路连接单片机引脚 31（EA/VPP 端）。当该引脚为高电平时，从片内 ROM 读取指令，只有当程序计数器（PC）超出片内 ROM 的地址编码范围时，才转到片外 ROM 读取指令；当该引脚为低电平时，一律从片外 ROM 中读取指令。

1. 单片机复位电路设计

单片机的复位是使单片机进入初始化的操作。引脚 RST 持续出现 24 个振荡脉冲周期（即 2 个机器周期）的高电平时单片机复位。通常为了保证应用系统能可靠地复位，复位电路应使 RST 保持 10ms 以上的高电平。当 RST 从高电平变为低电平时，单片机退出复位状态，从存储空间的 0000H 地址开始执行用户程序。常见的复位电路有上电自动复位电路和按键手动复位电路两种。

上电自动复位电路如图 1-8 所示。在上电瞬间，由于电容上的电压不能突变，电容处于充电（导通）状态，因此 RST 的电压与电源电压相同。随着电容的充电，其两端电压升高，这使得 RST 的电压降低，最终使单片机退出复位状态。只要选择充电时间常数合理的电容，就能保证 RST 持续有 2 个机器周期以上的高电平，从而使单片机复位。电容的推荐值是 10μF，电阻的推荐值是 10kΩ。

按键手动复位电路如图 1-9 所示。当按键未被按下时，该电路为上电自动复位电路；当按键被按下时，RST 端通过电阻与 5V 电源接通，提供足够时间的复位电平，使单片机复位。

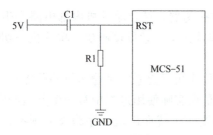

图 1-8　上电自动复位电路

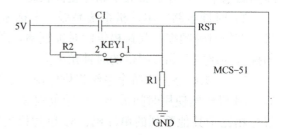

图 1-9　按键手动复位电路

2. 单片机时钟电路设计

（1）时钟电路

系统时钟是单片机内部电路工作的基础。单片机
时钟电路如图 1-10 所示，利用单片机内部的振荡电路，
并在 XTAL1 和 XTAL2 两个引脚间外接由晶振（或陶瓷
谐振器）和电容构成的并联谐振电路，使单片机内部的
振荡电路产生自激振荡。晶振频率可以为 0 ～ 24MHz。
当外接晶振时，C1 和 C2 的容量一般取（30±10）pF；

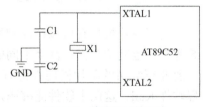

图 1-10　单片机时钟电路

当外接陶瓷谐振器时，C1 和 C2 的容量一般取（47±10）pF。电容用于稳定单片机的工作
频率，电容大小对晶振频率有微小的影响。

（2）时序

时序是指各种信号的时间序列，它表明了在指令执行过程中各种信号之间的相互关
系。单片机本身就是一个复杂的时序电路，CPU 执行指令的一系列动作都在时序电路的
控制下一拍一拍地进行。为达到同步协调工作的目的，各操作信号在时间上有严格的先后
顺序，这些顺序就是 CPU 的时序。

STC-51 系列单片机以晶振的振荡周期（或从外部引入的时钟信号的周期）为
最小时序单位，所以片内的各种微操作都以振荡周期为时序基准。单片机时序如
图 1-11 所示。

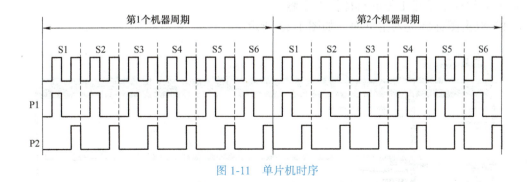

图 1-11　单片机时序

① 振荡周期：又称节拍，用 P 表示，是指为单片机提供定时信号的振荡源的周期。

② 状态周期：用 S 表示，是指振荡脉冲经过二分频后的时钟信号的周期，1 个状态
周期包含 2 个振荡周期，前一个记为 P1，后一个记为 P2。STC-51 系列单片机中 1 个状
态周期为 1 个振荡周期的 2 倍。

③ 机器周期：CPU 完成一个基本操作所需要的时间。STC-51 系列单片机的 1 个机
器周期有 S1 ～ S6 共 6 个状态周期，每个状态周期由 2 个振荡周期组成，可依次表示为
P1 和 P2，即 1 个机器周期 =6 个状态周期 =12 个振荡周期。若单片机采用 12MHz 的晶振，
则 1 个机器周期为 1μs；单片机若采用 6MHz 的晶振，则 1 个机器周期为 2μs。

④ 指令周期：CPU 执行一条指令所需要的时间。不同的指令，其执行时间不同。如
果按占用的机器周期来衡量，那么 STC-51 系列单片机的指令可分为单周期指令、双周期
指令和四周期指令。

任务 1.2　单片机开发软件使用

由于单片机具有可编程性和种类多样性，众多行业都需要使用单片机，这使得单片机编程软件也复杂多样，甚至不同的单片机工程师可能使用不同的单片机编程软件。本任务主要介绍常用的单片机硬件仿真设计软件 Proteus 和程序开发编程软件 Keil，这两个软件能够满足大多数产品的编程开发需求。

1.3 Proteus 的使用

1.2.1　单片机硬件仿真设计软件

Proteus 软件是英国 Lab Center Electronics 公司出版的 EDA（电子设计自动化）工具软件。它不仅具有 EDA 工具软件的仿真功能，还能仿真单片机及外围器件。它是比较好的仿真单片机及外围器件的工具。Proteus 具有原理图、PCB（印制电路板）自动或人工布线、SPICE（仿真电路模拟器）电路仿真、互动电路仿真、仿真处理器及其外围电路等功能。Proteus 8 软件如图 1-12 所示。下面介绍 Proteus 8 软件中新建工程的具体操作步骤。

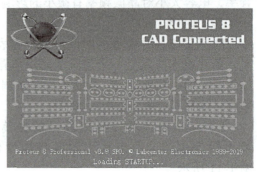

图 1-12　Proteus 8 软件

1）双击图标后进入主页面，如图 1-13 所示。

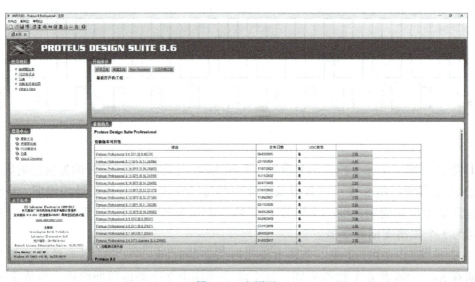

图 1-13　主页面

2）新建工程文件。单击左上角的图标或在"文件"菜单中单击"新建工程"命令，如图 1-14 所示。

3）保存文件。选择合适的保存路径与名称（注意扩展名是否为".pdsprj"）后单击"下一步"按钮，开始创建原理图，如图 1-15 所示。

4）不做修改，单击"下一步"按钮，如图 1-16 所示。

图 1-14　新建工程文件

图 1-15　保存文件（1）

图 1-16　保存文件（2）

5）一直单击"下一步"按钮即可，在工程向导总结对话框中可以看到之前的各个操作，如图 1-17 所示。

图 1-17　工程向导总结对话框

6）单击"完成"按钮就到了原理图设计界面，如图 1-18 所示。

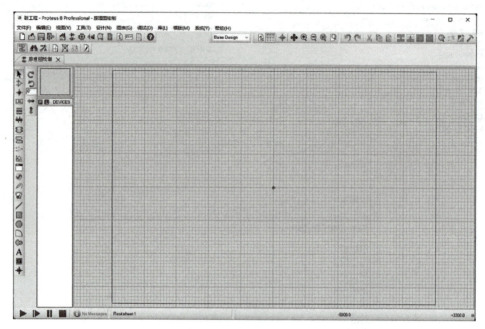

图 1-18　原理图设计界面

1.2.2　单片机程序开发软件

Keil 软件是由 Keil 软件公司开发的单片机开发系统，是嵌入式开发中较为常用的开发环境。Keil 软件主要由汇编程序和连接器构成，当然还有 C 编译器，通过集成开发环境将完整的系统开发解决方案如库管理与强大的模拟调试器结合在一起，主界面如图 1-19 所示。

1.4 单片机开发软件 Keil

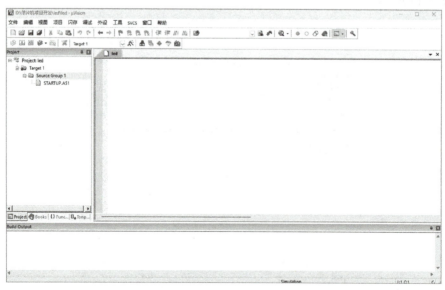

图 1-19　Keil 主界面

虽然使用 C 语言不需要建立工程，但是部分编程工具要求先建立工程，然后就可以根据工程属性，对代码进行管理、编译等。因此，接下来介绍 Keil 软件新建工程的具体操作步骤。

1）打开软件，在软件界面顶部的菜单栏中找到"Project"并单击，在出现的菜单中单击"新 μVision 项目"命令，如图 1-20 所示。

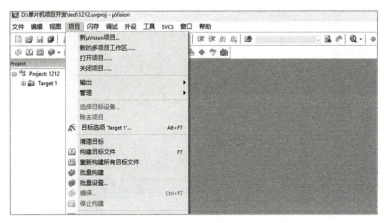

图 1-20 新建工程

2）界面上弹出一个新建工程对话框，在对话框中新建一个用于存放程序的文件夹，再单击对话框右下角的"保存"按钮即可，如图 1-21 所示。

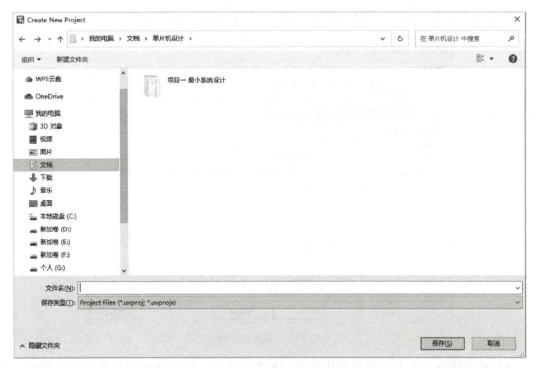

图 1-21 新建文件夹

3）在新建的文件夹中为工程新建一个文件名，再单击右下角的"保存"按钮，如图 1-22 所示。

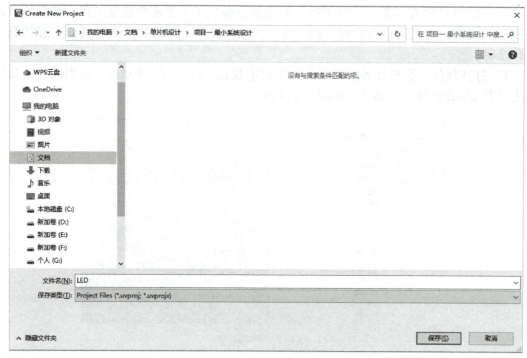

图 1-22　工程命名

4）界面上出现一个芯片选择对话框，在对话框中找到"Device"选项，单击打开该选项的下拉列表框并选择"STC MCU Database"芯片包，如图 1-23 所示。

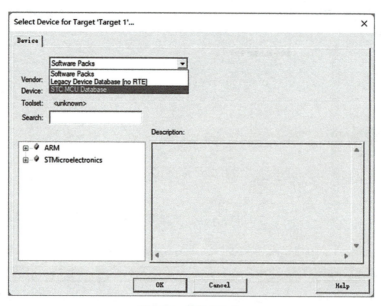

图 1-23　选择芯片包

5）在对话框左下方的列表框中找到"STC"选项，单击该选项左边的加号图标，下方会出现很多的芯片型号，如图 1-24 所示。

6）在对话框左下方的列表框中选择 STC89C52RC 芯片，再单击窗口底部的"OK"按钮即可，如图 1-25 所示。

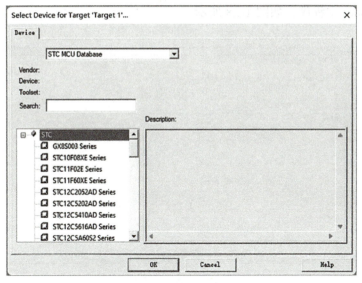

图 1-24　找到 "STC" 选项

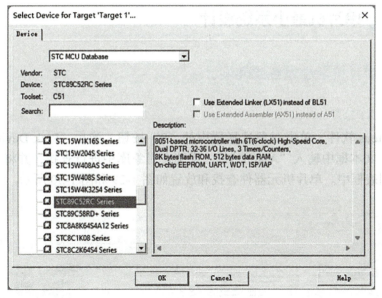

图 1-25　选择 STC89C52RC 芯片

7）界面上弹出一个询问是否将文件添加到工程中的对话框，单击 "是" 按钮即可成功新建一个工程，如图 1-26 所示。

8）新建工程成功后，在界面左上方就可以看到刚刚新建的工程，如图 1-27 所示。

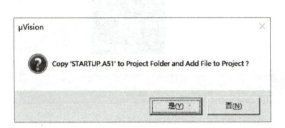

图 1-26　添加文件

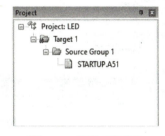

图 1-27　新建工程成功

9）编写 main 主程序，如图 1-28 所示。

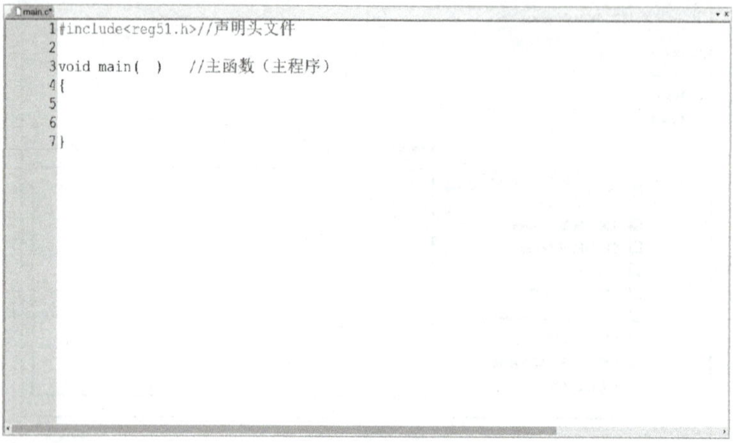

```
□ main.c*
 1 #include<reg51.h>//声明头文件
 2
 3 void main( )    //主函数（主程序）
 4 {
 5
 6
 7 }
```

图 1-28   main 主程序

任务 1.3   单片机最小系统设计

1.3.1   单片机最小系统硬件设计

1. AT89C51 芯片

运行 Proteus 软件，单击对象选择器中的"P"按钮，弹出"Pick Devices"对话框，在"关键字"文本框中输入"AT89C51"，系统在对象库中进行查找，并将查找结果显示在"结果"列表框中。单片机元器件查找和放置如图 1-29 和图 1-30 所示。

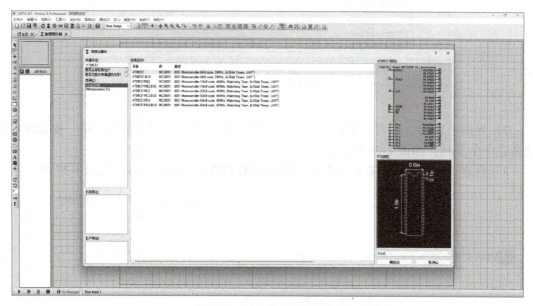

图 1-29   单片机元器件查找

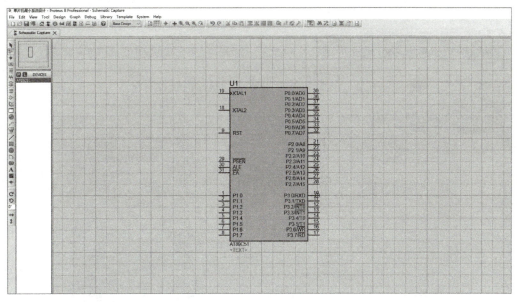

图 1-30　单片机元器件放置

2. 时钟电路

　　单击对象选择器中的"P"按钮，弹出"Pick Devices"对话框，在"Keywords"文本框中输入"CAP""CRYSTAL"等进行元器件查找，放置元器件，并与单片机连接，完成时钟电路设计，如图 1-31～图 1-33 所示。

图 1-31　时钟电路元器件查找

3. 复位电路

　　单击对象选择器中的"P"按钮，弹出"Pick Devices"对话框，在"Keywords"文本框中输入"RES""CAP-ELEC""BUTTON"等进行元器件查找，放置元器件，并与单片机连接，完成复位电路设计，如图 1-34～图 1-36 所示。

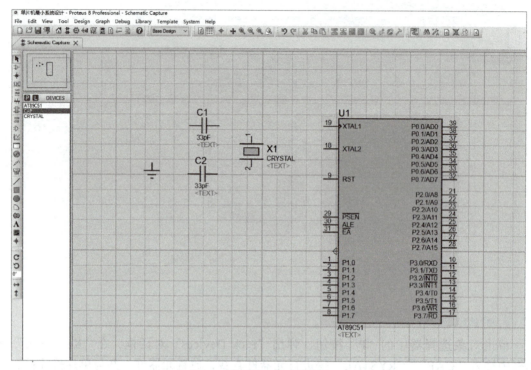

图 1-32　时钟电路元器件放置

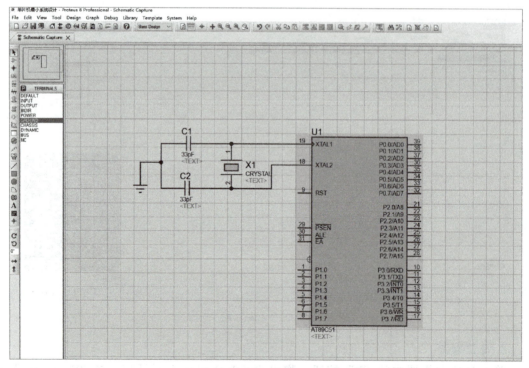

图 1-33　时钟电路设计

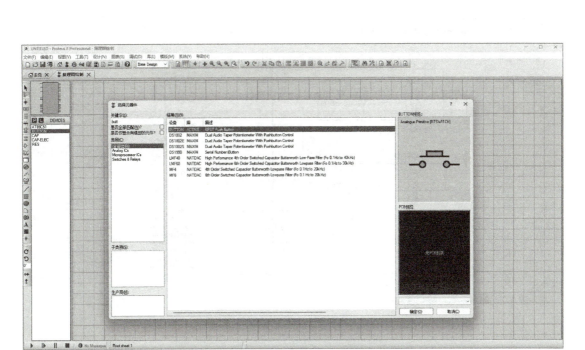

图 1-34 复位电路元器件查找

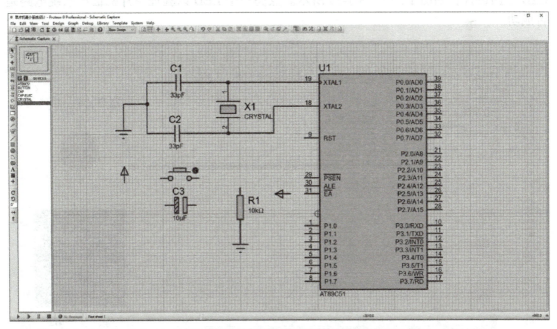

图 1-35 复位电路元器件放置

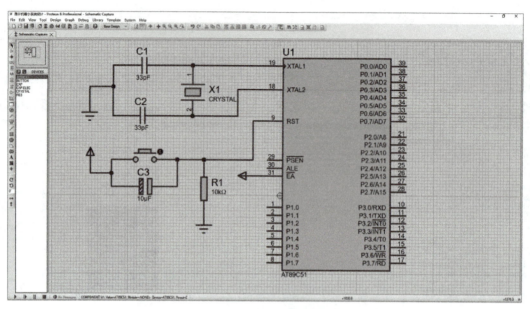

图 1-36　复位电路设计

4. LED 电路

单击对象选择器中的"P"按钮，弹出"Pick Devices"对话框，在"Keywords"文本框中输入"LED""RES"，等进行元器件查找，放置元器件，并与单片机连接，完成LED电路设计，如图 1-37～图 1-39 所示。点亮一个 LED 以验证单片机最小系统电路是否成功。

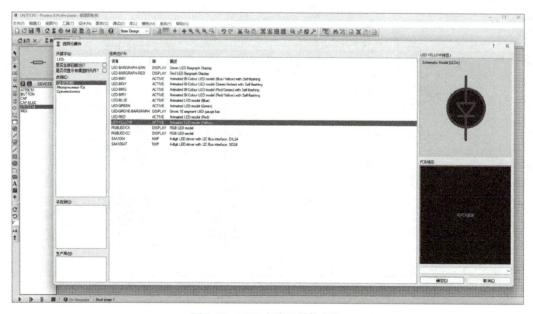

图 1-37　LED 电路元器件查找

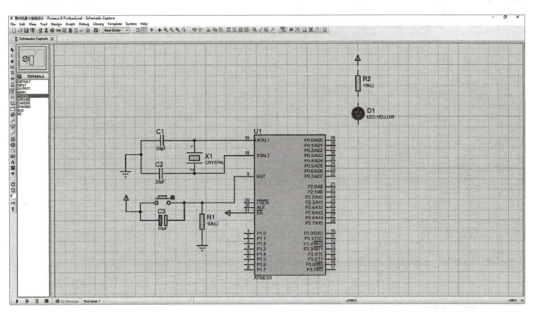

图 1-38　LED 电路元器件放置

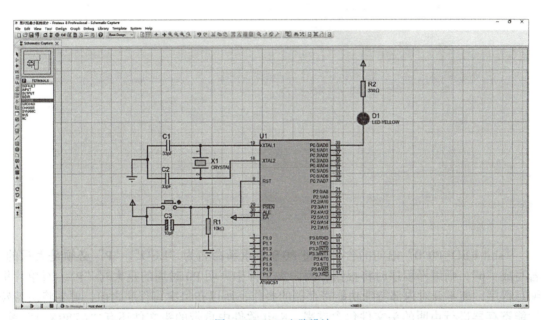

图 1-39　LED 电路设计

1.3.2　单片机最小系统软件设计

单片机最小系统软件设计步骤如下。

1）新建工程，输入头文件名"#include<reg51.h>"，包含这个头文件的目的是，后续编写程序时可以直接对单片机内部的特殊功能寄存器进行操作，因为这个头文件中已经对单片机内部的特殊功能寄存器进行了声明。"reg51.h"头文件如图 1-40 所示。

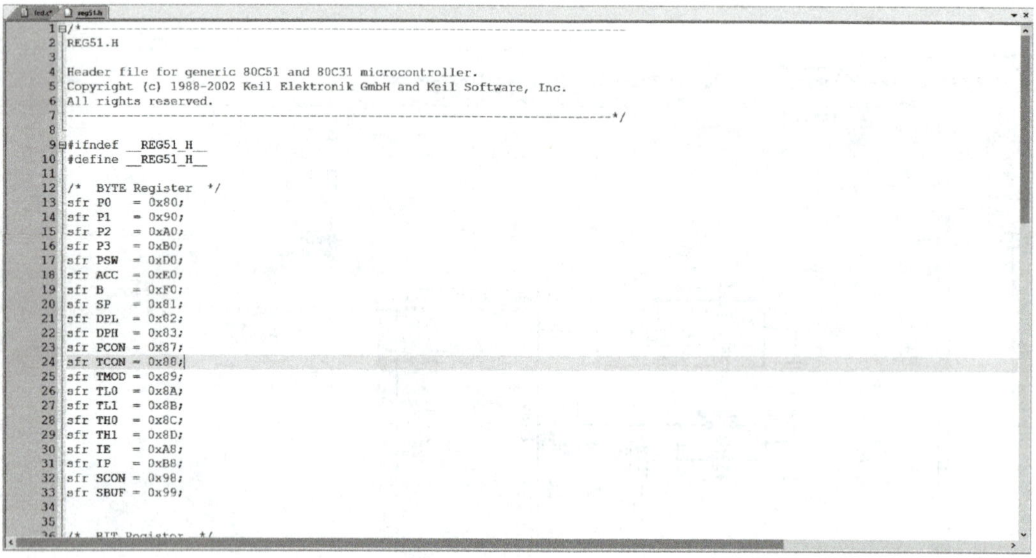

图 1-40 "reg51.h"头文件

2）主程序设计，如图 1-41 所示。

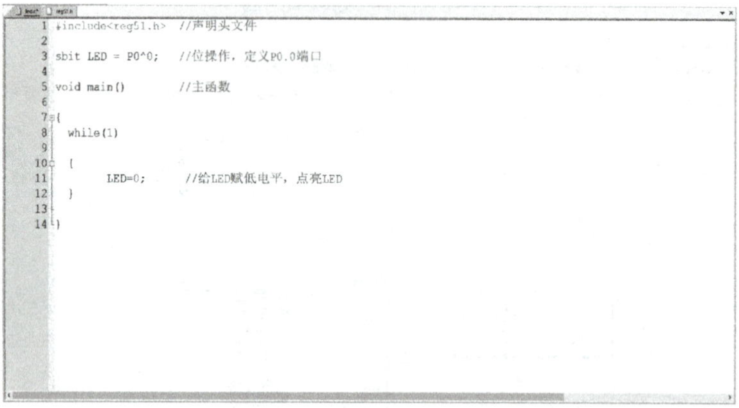

图 1-41 主程序设计

"sbit LED=P0^0"语句的含义是将 P0.0 位重新命名为"LED"，"P"必须是大写的，若写成"p"，则编译程序时将报错，因为头文件中声明 P0 时用的是大写"P"。对单片机编写程序，离不开对内部特殊功能寄存器的操作，所以在每次写程序之前，要先将对特殊功能寄存器进行声明的头文件包含进来。Keil 软件中自带的头文件还有"AT89X51"等，可以在 Keil 安装路径下的"INC"文件夹中查看。

在主函数中，"LED=0；"语句的含义是将引脚 P0.0 的电平置 0。在数字电路中，1表示高电平，0 表示低电平。将引脚 P0.0 的电平置 0，是因为在硬件电路中 LED 的阳极接 5V 电源，阴极接引脚 P0.0，所以引脚 P0.0 输出低电平会使 LED 导通，点亮 LED。

3）进行单片机可执行文件输出设置。单击魔术棒图标，选择"Output"标签，选中"Create HEX File"选项，如图 1-42 所示。

4）程序设计编译。单击"Rebuild"按钮，可以看到界面下方的"Build Output"对话框中出现已经生成的 HEX 文件信息以及错误和警告信息，如图 1-43 所示。

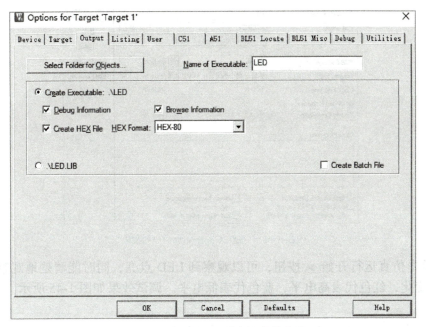

图 1-42　进行单片机可执行文件输出设置

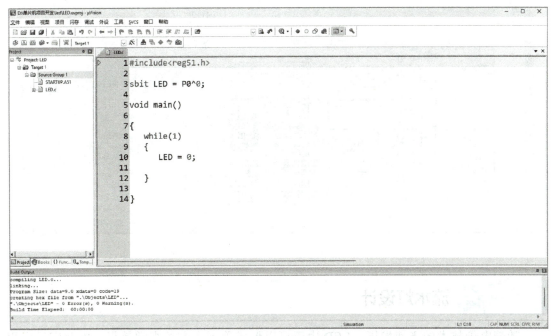

图 1-43　程序设计编译

5）软件、硬件联合调试。将程序下载到实验板上之前，可以在 Proteus 软件中下载可执行文件，进行软件、硬件联合调试，通过仿真来观察实验结果。在 Proteus 软件中双击 AT89C51 芯片，弹出"Edit Component"对话框，单击"OK"按钮下载可执行文件，如图 1-44 所示。

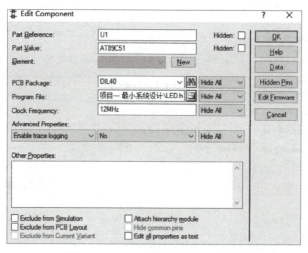

图 1-44 "Edit Component" 对话框

6）单击仿真运行开始 ▶ 按钮，可以观察到 LED 点亮，同时能清楚地观察到每个引脚的电平变化，红色代表高电平，蓝色代表低电平。调试效果如图 1-45 所示。

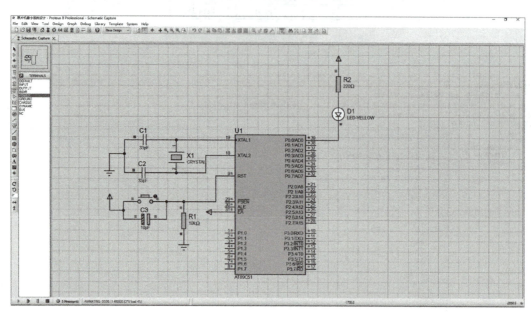

图 1-45 调试效果

任务 1.4 流水灯设计

随着电子技术的飞速发展，LED 由于可以形成美观大方的视觉效果，因此广泛应用于店铺招牌、广告、大型建筑的夜间装饰、景观装饰等场合。本项目从 LED 流水灯的循环点亮控制入手，让读者对单片机的并行 I/O 口进行初步了解。

1.4.1 LED 流水灯电路分析

使用 Proteus 软件设计 AT89C51 单片机实现 LED 流水灯效

1.6 左移右移实现流水灯

果。通过 Keil 软件编写 C 语言程序，按一定的规律向 P0 口的引脚输出低电平和高电平，控制 8 个 LED 循环点亮。LED 流水灯电路设计如图 1-46 所示。

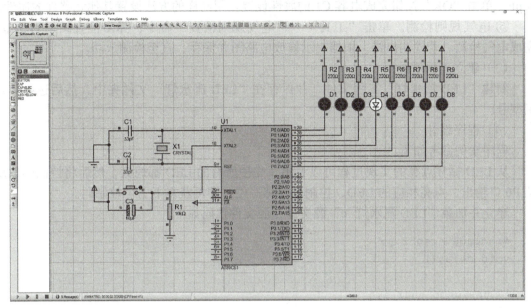

图 1-46　LED 流水灯电路设计

1.4.2　LED 流水灯程序分析与设计

根据 LED 流水灯电路的要求进行程序设计，实现通过控制单片机引脚电平的高低变化来控制 LED 的点亮和熄灭，实现 LED 循环点亮，呈现 LED 流水灯效果。

LED 流水灯电路中的 LED 采用共阳极接法，这样就可以通过 0 和 1 来控制 LED 的亮灭。例如，当 P0 口输出十六进制数 0xfe（二进制数为 11111110）时，D1 点亮；当 P0 口输出 0x7f（二进制数为 01111111）时，D8 点亮。LED 循环点亮的实现过程如下。

① 8 个 LED 全熄灭，控制码为 0xff。

② D1 点亮，P0 口输出 0xfe，取反为 0x01（二进制数 00000001），初始控制码为 0x01。

③ D2 点亮，P0 口输出 0xfd，取反为 0x02（二进制数为 00000010），控制码为 0x02。

④ D3 点亮，P0 口输出 0xfb，取反为 0x04（二进制数 00000100），控制码为 0x04。

⑤ 以此类推，D4 ～ D7 依次点亮。

⑥ D8 点亮，P0 口输出 0x7f，取反为 0x80（二进制数 10000000），控制码为 0x80。

⑦ 重复第②～⑥步就可以实现 LED 循环点亮。

（1）LED 流水灯电路设计

LED 流水灯电路由单片机最小系统和采用共阳极接法的 8 个 LED 构成。LED 的阳极通过 220Ω 限流电阻连接 5V 电源正极，P0 口接 LED 的阴极。

（2）新建工程

① 新建设计文件，设置图纸尺寸、网格，保存文件名为"LED 循环点亮"的设计文件。

② 选取元器件。从 Proteus 元器件库中选取元器件 AT89C51、CRYSTAL（晶振）、CAP（电容）、CAP-ELEC（电解电容）、RES（电阻）、LED-YELLOW（黄色 LED）。

③ 按图 1-46 所示的电路放置元器件并进行连线。

④ 属性设置。双击电容 C1，在弹出的 "Edit Component" 对话框中将电容改为 30pF，单击 "OK" 按钮完成电容 C1 的属性设置。用同样的方法设置其他元器件的属性。

⑤ 电气规则检测。单击 "工具" → "电气规则检查" 命令，弹出检查结果对话框，完成电气检测。若检测出错，根据提示修改电路图并保存，直至检测成功。

（3）建立工程项目

新建 "LED 流水灯" 工程文件，并保存在 "LED 流水灯" 文件夹中，然后选择单片机型号。

（4）程序设计

程序案例参考如下。

从 LED 循环点亮的实现过程可以看出，先使所有的 LED 都熄灭，然后将控制码取反从 P0 口输出，点亮相应的 LED，控制码左移一位，即可获得下一个控制码。

建立并加载 "LED 流水灯 .c" 源文件，源文件代码如下。

```c
#include <reg52.h>
void delay()
{
    unsigned char i,j;
    for(i=0;i<255;i++)
        for(j=0;j<255;j++);
}
void main()
{
    unsigned char i;
    unsigned char temp;
    P0=0xff;
    while(1)
    {
        temp=0x01;
        for(i=0;i<8;i++)
        {
            P0= ~ temp;
            delay();
            temp=temp<<1;
        }
    }
}
```

程序开始时将初始控制码取反后从 P0 口输出，这个控制码使 P0.0 为低电平，其他位为高电平，点亮 D1，延时一段时间，让控制码左移一位，获得下一个控制码，然后再对控制码取反后从 P0 口输出，这样就实现了 LED 流水灯效果。

需要强调的是，由于人眼具有视觉暂留效应以及单片机执行每条指令的时间很短，因此控制 LED 亮灭时应该延时一段时间，否则看不到 LED 流水灯的效果。

（5）工程配置与编译

工程配置如下："目标"选项卡中的晶振频率设为 12MHz，勾选 "输出" 选项卡中的

"生成 HEX 文件"复选按钮。

工程编译如下：完成工程配置后，进行"LED 循环点亮"工程编译。若编译发生错误，则应进行分析检查，直到编译正确为止。

（6）Proteus 仿真运行调试

① 打开 LED 流水灯的 Proteus 仿真电路。

② 加载"LED 流水灯 .hex"文件。

③ 单击工具栏中的运行按钮，单片机全速运行程序。

观察 LED 流水灯是否循环点亮。若运行结果与任务要求不一致，则对电路和程序进行分析检查，反复修改、运行调试，直至满足要求。

1.4.3 LED 流水灯电路焊接制作

根据图 1-46 所示的电路，在万能板上完成 LED 流水灯电路的焊接制作，元器件清单见表 1-1。

表 1-1　元器件清单

元器件名称	参数 / 型号	数量 / 个	元器件名称	参数 / 型号	数量 / 个
单片机	STC89C52RC	1	复位按键（轻触开关）	—	1
晶振	11.0592MHz	1	复位电阻	10kΩ	1
电容	30pF	2	限流电阻	220Ω	8
电解电容	10μF	1	LED（黄色）	—	4
集成电路插座	DIP40	1	LED（绿色）	—	4

电路板焊接步骤和焊接注意事项参考电子产品装配工艺的相关标准。LED 流水灯电路板如图 1-47 所示。

图 1-47　LED 流水灯电路板

（1）硬件检测与调试

上电之前，先检测焊接好的 LED 流水灯电路板，检测单片机最小系统、电源电路、LED 流水灯电路等是否存在开路或短路情况，可用万用表的欧姆档进行检测，发现有问题应及时处理。

上电后，按下复位按键，检测单片机 P0 口和 8 个 LED 的阴极，若均为高电平，则说明单片机工作正常，P0 口与 8 个 LED 阴极之间的电路也正常。同时，检测 8 个 LED 的阳极也应有 5V 左右的电压，若没有，则检测 5V 电源与 LED 阳极之间的电路是否存在开路。

（2）软件下载与调试

通过 STC–ISP 下载软件把 "LED 流水灯 .hex" 文件烧入单片机芯片中，若 LED 流水灯运行结果与设计功能相符，则说明 LED 流水灯电路板装配过程和程序均正确，否则需进行调试，直到功能实现。

任务 1.5　拓展训练　单片机最小系统安装与调试

单片机最小系统的安装与调试是保证单片机系统正常运行的必要条件。进行单片机最小系统的安装，首先需要对单片机最小系统的元器件进行筛选、清点、检测等，筛选包括选择合适的单片机芯片和外围电路元器件等。单片机最小系统的安装包括元器件的准备、焊接、电路连接等。在硬件组装过程中，需要注意电路的布局、连接的正确性以及焊接的质量等。

1.5.1　单片机最小系统电路安装

1. 安装准备

利用单片机最小系统所需的元器件完成单片机最小系统的安装。

1）掌握单片机最小系统的工作原理。单片机最小系统电路如图 1-48 所示。

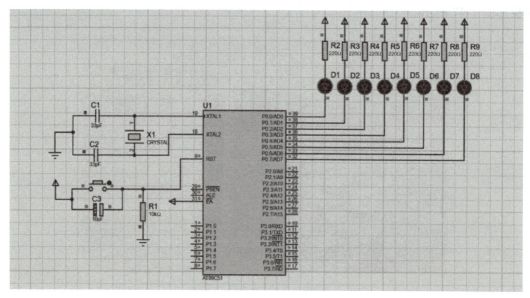

图 1-48　单片机最小系统电路

2）检查 PCB，如图 1-49 所示。

3）进行元器件清点，如图 1-50 所示。

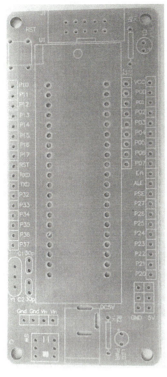

图 1-49 PCB

图 1-50 元器件清点

2. 元器件装配

（1）电源供电接口安装

电源供电接口焊接在 PCB 标号 DC5V 处，按照顺序进行焊接，如图 1-51 所示。

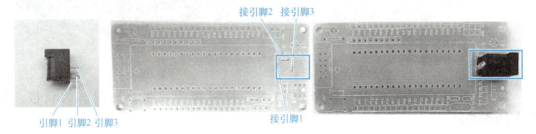

图 1-51 电源供电接口焊接

（2）供电指示灯安装

1）1kΩ 电阻焊接在 PCB 标号 R2 处，焊接时不分正负，如图 1-52 所示。

图 1-52 1kΩ 电阻焊接

2）LED 焊接在 PCB 标号为 PWR 处，长引脚为正极，短引脚为负极，如图 1-53 所示。

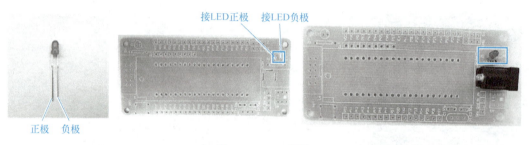

图 1-53　LED 焊接

3）电源开关焊接在 PCB 标号为 SW 处，如图 1-54 所示。

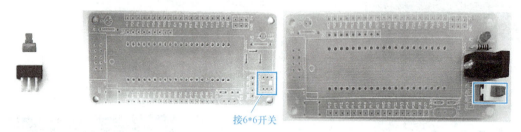

图 1-54　电源开关焊接

（3）复位电路安装

1）1kΩ 电阻焊接在 PCB 标号 R1 处，焊接时不分正负，如图 1-55 所示。

图 1-55　1kΩ 电阻焊接

2）电解电容焊接在 PCB 标号为 C1 处，长引脚为正极，短引脚为负极，如图 1-56 所示。

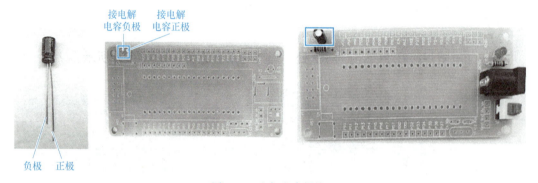

图 1-56　电解电容焊接

3）复位按键焊接在 PCB 标号为 RST 处，焊接顺序如图 1-57 所示。

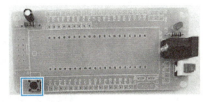

图 1-57　复位按键焊接

（4）时钟电路安装

1）电容焊接在 PCB 标号为 C1、C2 处，不分正负极，如图 1-58 所示。

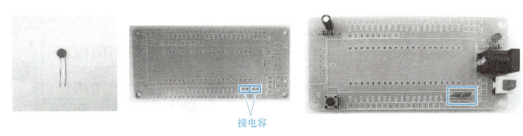

接电容

图 1-58　电容焊接

2）晶振焊接在 PCB 标号为 Y1 处，焊接时不分方向，如图 1-59 所示。

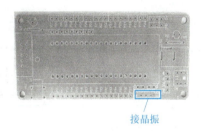
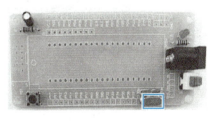

接晶振

图 1-59　晶振焊接

（5）程序下载电路安装

程序下载插座焊接在 PCB 标号为 J1 处，焊接时缺口与 PCB J1 处的缺口对齐，如图 1-60 所示。

与牛角座缺口对齐

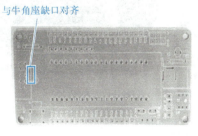
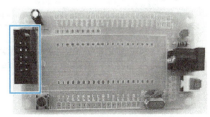

图 1-60　程序下载插座焊接

（6）单片机安装

1）10kΩ 上拉电阻焊接在 PCB 标号为 J2 处，焊接时将公共端对准 PCB J2 处的公共端，如图 1-61 所示。

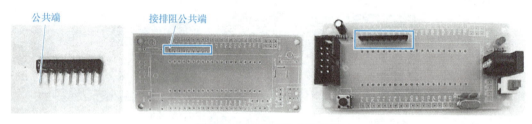

图 1-61　10kΩ 上拉电阻焊接

2）单片机紧锁座焊接在 PCB 标号为 U1 处，拉杆方向与 PCB U1 处的圆圈方向一致，如图 1-62 所示。

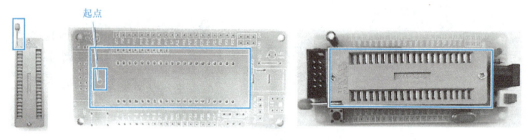

图 1-62　单片机紧锁座焊接

3）排针焊接在 PCB 相应位置，如图 1-63 所示。

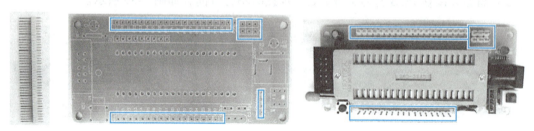

图 1-63　排针焊接

（7）整机系统装配

单片机最小系统整机装配效果如图 1-64 所示。

图 1-64　单片机最小系统整机装配效果

1.5.2　单片机最小系统电路调试

1. 面包板的选用

利用单片机最小系统，完成单片机控制单个 LED 的安装与调试。

面包板是专为电子电路的无焊接实验设计制造的，板子上有很多小插孔，各种元器件可根据需要随意插入或拔出，免去了焊接步骤，节省了电路组装的时间，而且元器件可以重复使用，所以非常适合电子电路的组装、调试和训练。面包板实物如图 1-65 所示。

常见的最小单元面包板分上、中、下三部分，上面和下面部分一般是由 1 行或 2 行插孔构成的窄条，中间部分是由中间一条隔离凹槽和上下各 5 行插孔构成的宽条。面包板窄条的外观和结构如图 1-66 所示。

图 1-65 面包板实物

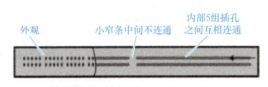

图 1-66 面包板窄条的外观和结构

窄条上下两行之间电气不连通。每 5 个插孔为一组，面包板上通常有 10 组或 11 组。对于 10 组的结构，左边 5 组内部电气连通，右边 5 组内部电气连通，但左右两边之间不连通，这种结构通常称为 5-5 结构。还有一种 3-4-3 结构，即左边 3 组内部电气连通，中间 4 组内部电气连通，右边 3 组内部电气连通，但左边 3 组、中间 4 组、右边 3 组之间不连通。对于 11 组的结构，左边 4 组内部电气连通，中间 3 组内部电气连通，右边 4 组内部电气连通，但左边 4 组、中间 3 组、右边 4 组之间不连通，这种结构称为 4-3-4 结构。面包板的外观和结构如图 1-67 所示。

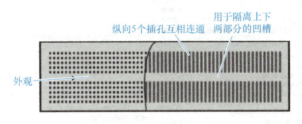

图 1-67 面包板的外观和结构

2. 面包板的安装与调试

将 LED 和电阻按照 Proteus 的电路图进行连接，如图 1-68 所示。

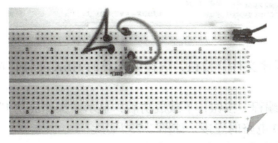

图 1-68 电路连接

面包板的调试步骤如下。

1）打开 STC–ISP 下载软件，选择单片机型号为 STC89C52RC，如图 1-69 所示。

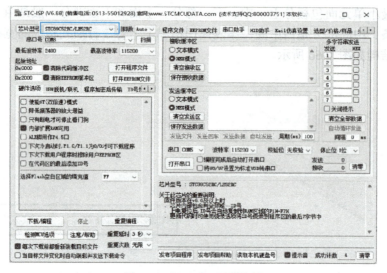

图 1-69　STC–ISP 下载软件

2）选择正确的串口号，并设置最低波特率为"2400"，最高波特率为"9600"，如图 1-70 所示。

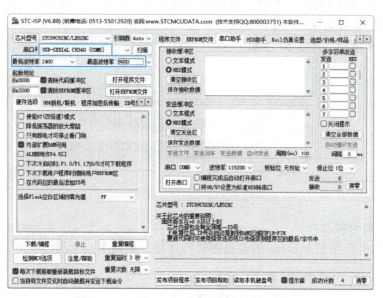

图 1-70　设置波特率

3）单击"打开程序文件"按钮，选择要下载的 HEX 文件，单击"打开"按钮，如图 1-71 所示。

4）单击"下载/编程"按钮，下载成功后，显示"操作成功！"，如图 1-72 所示。

5）单片机与 LED 电路的连接，如图 1-73 所示。

6）LED 显示调试效果，如图 1-74 所示。

图 1-71 选择 HEX 文件

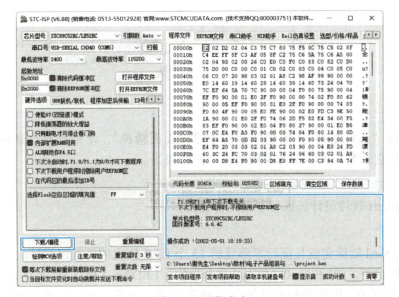

图 1-72 下载成功

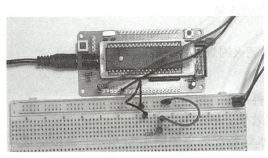

图 1-73 单片机与 LED 电路连接

图 1-74 LED 显示调试效果

1.5.3 "重走长征路 点亮中国芯" LED 流水灯设计

以弘扬伟大的"长征精神"为案例，利用国产化单片机控制 LED 实现"重走长征路 点亮中国芯" LED 流水灯设计。红军长征行军路线如图 1-75 所示。

图 1-75 红军长征行军路线

通过弘扬"长征精神"，鼓励同学们学习"长征精神"，增强民族自豪感，培养爱国主义情怀，树立新时代大学生的家国情怀与责任担当。

1. 电路设计

利用 Proteus 软件设计长征行军路线仿真图。

2. 程序设计

1）利用 Keil 软件完成长征行军路线的 13 个 LED 依次闪烁程序设计。

2）LED1 点亮，即 LED1=0，红军从瑞金出发；LED2～LED12 依次点亮，即 LED2～LED12 依次等于 0，依次途经血战湘江、遵义会议、四渡赤水、巧渡金沙江、强渡大渡河、飞夺泸定桥、爬雪山、懋功会师、过草地、激战腊子口、大会师；LED13 点亮，即 LED13=0，红军到达延安。

3）重复第 2 步，再次实现从瑞金到达延安的效果。

4）输入 0x00，13 个 LED 全部点亮。

5）输入 0xff，13 个 LED 全部熄灭，实现亮灭闪烁的效果。

3. "重走长征路 点亮中国芯" LED 流水灯装配和调试

1）"重走长征路 点亮中国芯"电路元器件准备，如图 1-76 所示。

2）"重走长征路 点亮中国芯"电路装配效果，如图 1-77 所示。

3）"重走长征路 点亮中国芯" LED 流水灯装配效果如图 1-78 所示。装配完成后，进行综合调试。

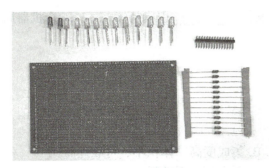

图 1-76 电路元器件准备

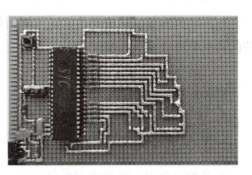

图 1-77 电路装配效果

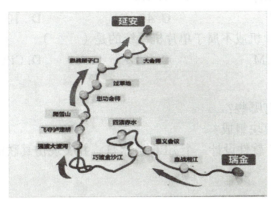

图 1-78 LED 流水灯装配效果

1.7 任意花样霓虹灯

项目小结

单片机最小系统是指由单片机、晶振、电源电路、复位电路、外设接口电路等组成的最基本的硬件系统。本项目主要介绍了单片机最小系统的基本组成和设计。通过本项目的学习，应掌握单片机最小系统的硬件、软件开发步骤，掌握利用单片机最小系统控制单个、多个 LED 亮灭的方法。

课后练习

一、填空题

1. 一般而言，单片机最小系统主要包括_____、_____、_____、_____等基本电路。

2. 单片机是一块芯片上的微型计算机。以_____为核心的硬件电路称为单片机系统，它属于_____的应用范畴。

3. 单片机是一种集成电路芯片，采用超大规模集成电路技术把具有数据处理能力的_____、_____、_____、_____、_____、_____等功能集成到一块芯片上构成的一个小而完整的微型计算机系统，在工业控制领域广泛应用。

4. 单片机的封装按形式不同可分为_____和_____等。

5. 单片机的复位是使单片机进入初始化的操作。_____引脚持续_____个机器周期的高电平将使单片机复位。

二、选择题

1. 单片机的工作电压一般为（　　　）。

A. 5V　　　　　　　　B. 3V　　　　　　　　C. 1V　　　　　　　　D. 4V

2. 单片机作为微机的一种，它的特点是（　　　）。

A. 具有优异的性能价格比　　　　　　　B. 集成度高、体积小、可靠性高

C. 控制功能强，开发应用方便　　　　　　D. 低电压、低功耗

3. STC–51 系列单片机最多有（　　　）个 I/O 口。

A. 30　　　　　　　　B. 32　　　　　　　　C. 40　　　　　　　　D. 10

4. 下列简写名称中不是单片机或不属于单片机系统的是（　　　）。

A. MCU　　　　　　　B. SCM　　　　　　　C. ICE　　　　　　　D. CPU

三、问答题

1. 单片机常见的应用领域有哪些？

2. 单片机最小系统由哪些模块组成？

3. 请用 Proteus 软件和 Keil 软件设计一个 LED 流水灯，并实现仿真联调。

项目 2　简易抢答器设计

项目导读

随着电子技术的发展，电子技术在各个领域的应用越来越广泛。人们对它的认识逐步加深，也利用电子技术及相关知识解决了一些实际问题。近年来，随着单片机档次的不断提高、功能的不断完善，其应用日趋成熟，应用领域日趋扩大，特别是工业测控、尖端武器和日用家电等领域更是因为有了单片机而生辉增色。

中华文化源远流长、博大精深，央视相继举办了如《中国汉字听写大会》《中国成语大会》《中国诗词大会》等比赛，不知道大家有没有收看过？由此掀起的"汉语热""国学热"，提振了文化自信，让每个人心中都有诗和远方。如果大家看过诸如此类的电视节目，那么一定对节目中激动人心的抢答环节不陌生，也对各位参赛选手所使用的抢答器有所了解。在本项目中，我们就进行简易抢答器的设计。

项目目标

知识目标	1. 掌握 LED 数码管结构 2. 掌握数码管字形编码 3. 掌握数码管静态显示 4. 掌握数码管动态显示
技能目标	1. 掌握独立按键检测技能 2. 掌握数码管静态显示技能 3. 掌握数码管动态显示技能
素养目标	1. 具有热爱劳动的观念和从事艰苦工作的思想，能承受工作压力 2. 具有爱国情怀和为祖国芯片事业发展贡献力量的决心

任务 2.1　独立按键识别检测

单片机系统运行时，通常需要应用输入设备实现人工参与控制。键盘由若干个按键组成，是单片机最简单也最常用的输入设备。操作人员通过键盘输入数据或命令，实现简单的人机对话。本任务要求设计 1 个独立按键，当按下该键时，对应的 LED 点亮，再一次按下，LED 熄灭，如此重复。

2.1 独立按键识别检测

2.1.1　按键识别

按键电路如图 2-1 所示，按键的一端与电源地相连，另一端与单片机的 P1 口相连，这也就意味着当按键按下时，与按键相连的单片机 I/O 口将被拉低，换句话说，当单片机检测到与按键相连的 I/O 口被拉低时，证明此按键按下，将此功能上升一个层次来说，按键就是一个人机接口。按键的操作并没有想象中按下、松开那么简单，在实际应用中，按键操作需要消抖。

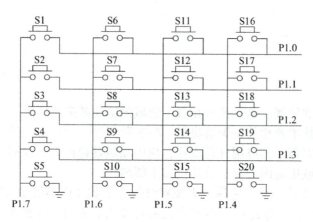

图 2-1 按键电路

按键所用开关通常为机械弹性开关，当机械触点断开、闭合时，电压信号小。由于机械触点具有弹性作用，触点闭合时电路不会马上稳定地接通，触点断开时电路也不会一下子断开，因而在闭合和断开的瞬间均伴随有一连串的抖动，按键按下产生的波形如图 2-2 所示。抖动时间的长短由按键的机械特性决定，一般为 5 ~ 10ms，这是一个很重要的时间参数，在很多场合都要用到。按键稳定闭合时间的长短则由

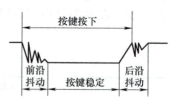

图 2-2 按键按下产生的波形

操作人员的按键动作决定，一般为零点几秒至数秒。按键抖动会引起一次按键被误读多次。为确保 CPU 对按键的一次闭合仅处理一次，必须去除按键抖动，即消抖。当按键闭合稳定时读取按键的状态，并且必须在判别到按键释放稳定后再处理。按键消抖可用硬件或软件两种方法实现。

硬件与非门消抖如图 2-3 所示，图中两个与非门构成一个 RS 触发器（复位 / 置位触发器）。当按键未按下时，输出为 1；当键按下时，输出为 0。此时即使用按键的机械性能，使按键因弹性抖动而产生瞬时断开（抖动跳开 B），只要按键不返回原始状态 A，双稳态电路的状态不改变，输出保持为 0，不会产生抖动的波形。也就是说，即使 B 点的电压波形是抖动的，但经双稳态电路之后，其输出为正规的矩形波。这一点通过分析 RS 触发器的工作过程很容易得到验证。硬件消抖更常用的方法是硬件电容消抖，如图 2-4 所示。

如果按键较多，常用软件消抖，即检测出按键闭合后执行一个延时程序，产生 10ms 的延时，待前沿抖动消失后再一次检测按键的状态，若仍保持闭合状态电平，则确认真正有键按下。当检测到按键释放时，也要进行 10ms 的延时，待后沿抖动消失后才能转入该按键的处理程序。

如下是一个简单的消抖程序。

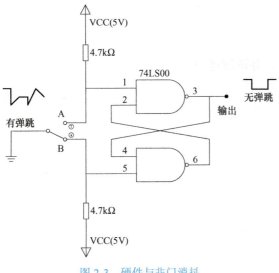

图 2-3   硬件与非门消抖

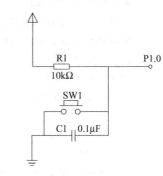

图 2-4   硬件电容消抖

```
sbit LED=P1^0;
sbit key1=P2^7;
 if(key1 == 0)                    // 按键按下
{
    delay10ms();                 // 消抖
    if(key1 == 0)                // 消抖后判断是否为低电平
    {
        LED = ~ LED;             // LED 改变状态
    }
}
```

2.1.2   单键控制单灯硬件设计

在 Proteus 软件中绘制单键控制单灯电路,如图 2-5 所示。

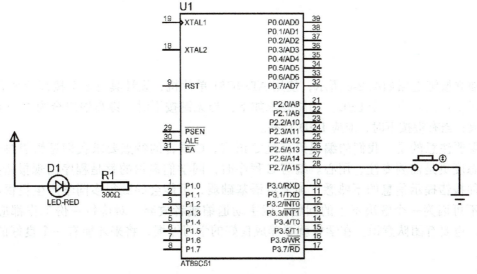

图 2-5   单键控制单灯电路

2.1.3 单键控制单灯软件设计

在 Keil 软件中新建工程，录入如下程序，并调试运行。

```c
#include <reg51.h>              // 包含头文件
#define uchar unsigned char
#define uint unsigned int
sbit LED=P1^0;
sbit key1=P2^7;                 // 按键定义
void delay10ms(void)
{
  uchar i,k;                    // 变量定义
  for(i=20;i>0;i--)
  for(k=250;k>0;k--);
}
void main(void)                 // 主函数
{
  while(1)
  {
    if(key1==0)
    {
      delay10ms();
      if(key1==0)               // 消抖
      {
       LED= ~ LED;
          while(key1==0);       // 未松开按键时一直保持上面状态，防止二次判定按键动作
      }
    }
  }
}
```

2.1.4 进阶提高

独立按键电路如图 2-6 所示，使用 AT89C51 单片机，设计具有 8 个按键的独立式键盘，每个按键对应一个 LED。功能要求如下：当无键按下时，键盘输出全为 1，LED 全部熄灭；当有键按下时，对应 LED 点亮。

需要注意的是，我们的编程语言是 C 语言，C 语言的特点要求我们逻辑思维严密，学习态度更是需要专注、用心。编写 C 程序时，同学们最怕的就是程序出现报错提示。对各种报错提示信息的不熟悉，加上英语基础弱，可能会导致很多同学产生畏惧心理，我们不可因为一个解决不了的问题，就主动退缩或者放弃。对待每一份工作都应有责任心，也要有团队意识。在学校就要养成良好的学习习惯，将来才能有一个良好的工作态度。

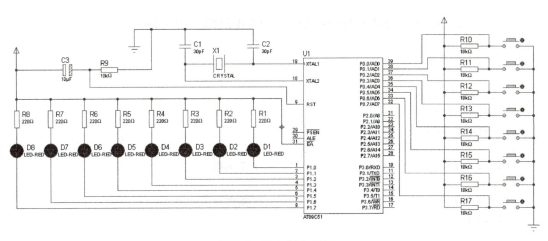

图 2-6　独立按键电路

独立按键电路对应的程序代码如下。

```
#include<reg52.h>              // 包含头文件，一般情况不需要改动
#define uchar unsigned char    // 宏定义
#define uint unsigned int
#define KeyPort P0             // P0 定义为 KeyPort
void delay10ms(void)          // 10ms 延时子程序
{
  uchar i,k;
  for(i=20;i>0;i--)
  for(k=250;k>0;k--);
}
unsigned char KeyScan(void)    // 按键扫描程序
{
 unsigned char keyvalue,key;
 if(KeyPort!=0xff)             // 判断是否有键按下
 {
    delay10ms();              // 消抖
    if(KeyPort!=0xff)         // 二次判断是否有键按下
    {
      keyvalue=KeyPort;       // 读按键状态
      while(KeyPort!=0xff);   // 按键松开时
// KeyPort=0xff,while 语句条件不满足
// 开始执行 switch 语句
      switch(keyvalue)
      {
        case 0xfe:key=0xfe;break;   // 点亮第 1 个 LED
        case 0xfd:key=0xfd;break;   // 点亮第 2 个 LED
        case 0xfb:key=0xfb;break;   // 点亮第 3 个 LED
        case 0xf7:key=0xf7;break;   // 点亮第 4 个 LED
        case 0xef:key=0xef;break;   // 点亮第 5 个 LED
        case 0xdf:key=0xdf;break;   // 点亮第 6 个 LED
        case 0xbf:key=0xbf;break;   // 点亮第 7 个 LED
        case 0x7f:key=0x7f;break;   // 点亮第 8 个 LED
```

```
        default:key=0xff;break;         // 其他情况，熄灭 LED
    }
  }
}
  if(key==0)
  key=0xff;
  return key;
}
void main()                              // 主函数
{
 P1=0xff;                                // 熄灭所有 LED
 while(1)
 {
   P1=KeyScan();                         // 按键值送 P1 口
 }
}
```

任务 2.2 　1 位数码管显示设计

利用 AT89C51 的 P2 口驱动 1 位共阴极数码管，显示一个数字"5"。本任务需要单片机驱动数码管，因此需要掌握数码管的硬件知识和驱动方法。

2.2 1 位数码管显示

2.2.1　数码管原理简述

数码管是一种半导体发光器件，其基本单元是 LED。数码管又称 LED 数码管，颜色有红、绿、蓝、黄等。数码管广泛用于仪表、时钟、车站、家电等场合。家用太阳能显示屏、数字计算器、单片机实现的秒表显示如图 2-7 ～图 2-9 所示。

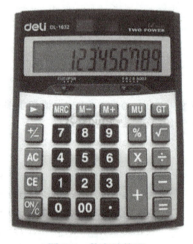

图 2-7　家用太阳能显示屏　　　　　　　图 2-8　数字计算器

LED 显示器有多种结构形式，单段的圆形或方形 LED 常用来显示设备的运行状态，8 段 LED 可以显示各种数字和字符，所以又称为 LED 数码管，实物如图 2-10 所示。8 段

LED 在控制系统中应用最为广泛，其接口电路也具有普遍参考性。因此，下面介绍 8 段数码管。

8 段数码管有共阴极和共阳极两种。

当选用共阴极数码管时，只要给某一 LED 加上高电平，该段即点亮，反之则熄灭。当选用共阳极数码管时，要使某一段 LED 点亮，则需加上低电平，反之则熄灭。为了保护各段 LED 不被损坏，需要外加限流电阻。当需要显示某个字形时，应使此字形的相应段点亮，即通过一个不同的电平组合代表的数据来控制 LED 的显示字形，此数据称为字符的段码。8 段数码管引脚如图 2-11 所示。

图 2-9 单片机实现的秒表显示

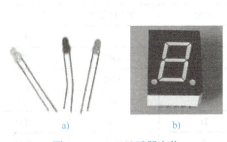

图 2-10 LED 显示器实物

a）单段 LED b）8 段 LED

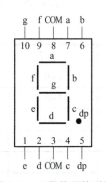

图 2-11 8 段数码管引脚

共阴极数码管是将所有 LED 阴极接在一起作为公共端 COM。公共端接低电平，当某一段 LED 阳极上的电平为 1 时，该段 LED 点亮；当某一段 LED 阳极上的电平为 0 时，该段 LED 熄灭。共阴极数码管如图 2-12 所示。

共阳极数码管是将所有 LED 的阳极接在一起作为公共端，公共端接高电平，当某一段 LED 阴极上的电平为 0 时，该段 LED 点亮；当某一段 LED 阴极上的电平为 1 时，该段 LED 熄灭。共阳极数码管如图 2-13 所示。

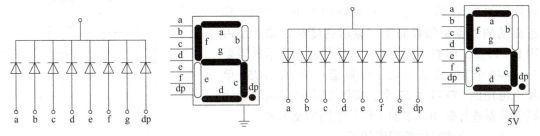

图 2-12 共阴极数码管   图 2-13 共阳极数码管

以显示"5"字符为例，"5"的输出段码见表 2-1。10010010 为 92H，01101101 为 6DH。

表2-1　"5"的输出段码

段名	dp	g	f	e	d	c	b	a
"5"的共阳极段码	1	0	0	1	0	0	1	0
"5"的共阴极段码	0	1	1	0	1	1	0	1

共阳极数码管和共阴极数码管的段码互为补码。

请推算"9"的共阳极段码和共阴极段码，填入表2-2。

表2-2　"9"的输出段码

段名	dp	g	f	e	d	c	b	a
"9"的共阳极段码								
"9"的共阴极段码								

数码管字形段码表如表2-3所示。

表2-3　数码管字形段码表

字形	共阳极段码	共阴极段码	字形	共阳极段码	共阴极段码
0	C0H	3FH	9	90H	6FH
1	F9H	06H	A	88H	77H
2	A4H	5BH	B	83H	7CH
3	B0H	4FH	C	C6H	39H
4	99H	66H	D	A1H	5EH
5	92H	6DH	E	86H	79H
6	82H	7DH	F	8EH	71H
7	F8H	07H	空	FFH	00H
8	80H	7FH			

数码管要正常显示，就要用驱动电路来驱动数码管的各个段码，从而显示所需数字。数码管的驱动方式可以分为静态驱动和动态驱动两类。本任务介绍静态驱动。

静态驱动又称直流驱动，图2-14所示为单片机静态驱动数码管显示电路。静态驱动是指每个数码管的每一个段码都由一个单片机的I/O口驱动，或者使用如BCD码、二－十进制译码器译码驱动。静态驱动的优点是编程简单、显示亮度高，缺点是占用I/O口多，例如，驱动5个数码管静态显示就需要5×8=40个I/O口来驱动，要知道一个AT89C51单片机可用的I/O口才32个，实际应用时必须增加译码驱动器进行驱动，增加了硬件电路的复杂性。

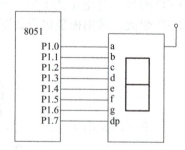

图2-14　单片机静态驱动数码管显示电路

显示单个数字的源程序如下。

```
#include <reg51.h>
void main()
{
```

```
while(1)
{
P1=0x06;
}
}
```

2.2.2 1 位数码管显示电路硬件设计

在 Proteus 软件中按图 2-15 所示，绘制 1 位数码管显示电路。

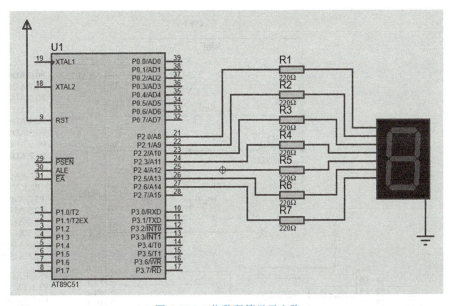

图 2-15 1 位数码管显示电路

2.2.3 1 位数码管显示电路软件设计

在 Keil 软件中新建工程，录入如下程序，并调试运行。

```
#include <reg51.h>
void delay1s();        // 采用 1s 延时子函数
void  main()           // 主函数
{
 while(1)
{
 P2=0x6d;              // "5" 的共阴极段码
 delay1s();
}
}
void delay1s(void)     // 延时程序
{
    unsigned char h,i,j,k;
        for(h=5;h>0;h--)
```

```
for(i=4;i>0;i--)
    for(j=116;j>0;j--)
        for(k=214;k>0;k--);
}
```

2.2.4　进阶提高

使用 AT89C51 单片机，驱动 1 位数码管。P1 口驱动共阳极数码管显示电路如图 2-16 所示，使该数码管轮流显示"H""E""L""L""O"五个字母。

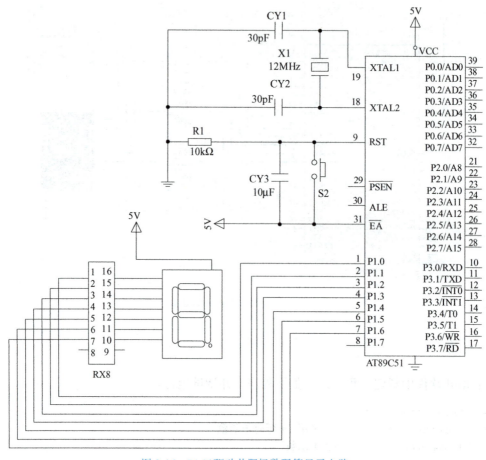

图 2-16　P1 口驱动共阳极数码管显示电路

数码管轮流显示"H""E""L""L""O"对应的程序代码如下。

```c
#include <reg51.h>
void delay1s(unsigned int ms);  // 采用定时器 1 实现 1s 延时子函数
void disp1();                    // 顺序显示字符"H""E""L""L""O"一次的子函数
void main()                      // 主函数
{
    while(1)
    {
        disp1();
```

```
    }
}
// 函数名 :disp1
// 函数功能 :顺序显示字符 "H" "E" "L" "L" "O" 一次
// 形式参数 :无
// 返回值 :无
void disp1()
{
unsigned char LED[]={0x89,0x86,0xc7,0xc7,0xc0};
                              // 定义数组 LED 存放字符 "H" "E" "L" "L" "O" 的段码
unsigned char i;
for(i=0;i<5;i++)
  {P1=LED[i];                 // 字形显示段码送 P1 口
   delay1s(1000);             // 延时 1s
   }
}
void delay1s(unsigned int ms)   // 若 ms=1, 延时时间就为 1ms
{
  unsigned int a,b;
  for(a=ms;a>0;a--)
  for(b=123;b>0;b--);
}
```

任务 2.3　6 位数码管显示设计

　　用单片机驱动数码管动态显示，在数码管上同时显示数字 "1" ～ "6"。动态显示的特点是将所有位数码管的段选线并联在一起，由位选线控制是哪一位数码管有效。动态扫描显示即轮流向各位数码管送出段码和相应的位选，利用 LED 的余辉和人眼的视觉暂留作用，使人感觉好像各位数码管同时显示。动态显示的亮度比静态显示要差一些，所以选择的限流电阻应略小于静态显示电路。

2.3 数码管动态显示

2.3.1　动态显示的概念

　　动态显示就是一位一位地轮流点亮各位数码管（扫描），对于数码管的每一位而言，每隔一段时间点亮一次。在同一时刻只有一位数码管在工作（点亮），利用人眼的视觉暂留效应和 LED 熄灭时的余辉效应，看到的却是多个数码管 "同时" 显示。

　　数码管亮度既与点亮时的导通电流有关，又与点亮时间和间隔时间的比例有关。调整电流和时间参数，可实现亮度较高、较稳定的显示。

　　图 2-17 所示为 2 位动态显示电路。段选线占用一个 I/O 口，控制各位数码管所显示的字形（该 I/O 口称为段码口或字形口）；位选线占用一个 I/O 口，控制数码管公共端的电位（该 I/O 口称为位码口或字位口）。

　　动态显示的优点是节省硬件资源，成本较低。但在控制系统运行过程中，要保证数码管正常显示，CPU 必须每隔一段时间执行一次显示子程序，占用 CPU 大量时间，降低了 CPU 的工作效率，同时显示亮度较静态显示低。

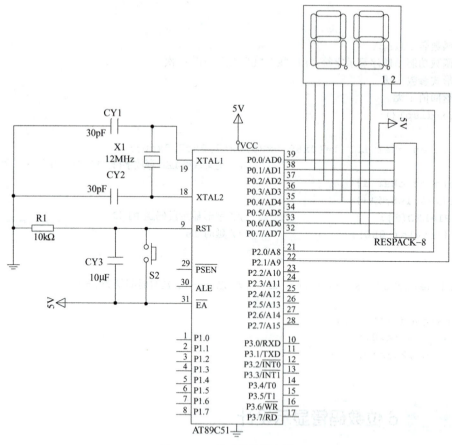

图 2-17　2 位动态显示电路

2.3.2　单片机驱动数码管动态显示举例

某系统用单片机的 I/O 口控制两个共阳极数码管。试编写程序使数码管显示"HP"两个字符。

程序代码如下。

```
#include "reg51.h"
#define uchar unsigned char
#define uint unsigned int
void delayms(uint t)               // 延时子程序
{
uint i,j;
    for(i=0;i<t;i++)
        for(j=0;j<120;j++);
}
main()
{
    while(1)
    {
    P0=0x89;                       //"H"的段码
```

```
    P2=0x01;                    // 第一个数码管显示
    delayms(10);
    P2=0x00;                    // 清消隐
    P0=0x8c;                    // "P" 的段码
    P2=0x02;                    // 第二个数码管显示
    delayms(10);
    P2=0x00;                    // 清消隐
    }
}
```

2.3.3　单片机驱动 6 位数码管显示电路硬件设计

在 Proteus 软件中按图 2-18 所示，绘制单片机驱动 6 位数码管显示电路。

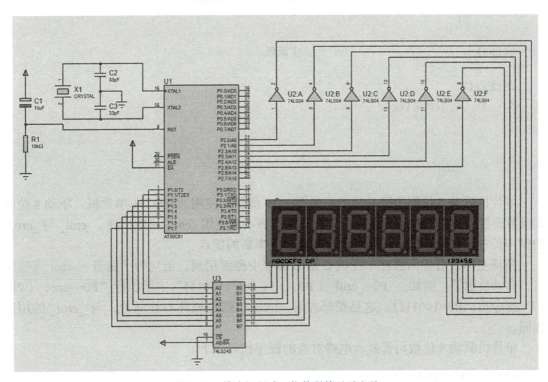

图 2-18　单片机驱动 6 位数码管显示电路

2.3.4　单片机驱动 6 位数码管显示电路软件设计

在 Keil 软件中新建工程，录入如下程序，并调试运行。

```
#include <reg51.h>
#define uint unsigned int
void delayms(unsigned int xms)
{
    uint i,j;
    for(i=xms;i>0;i--)
```

```
      for(j=120;j>0;j--);
}
void disp2()
{ unsigned char LED[]={0xf9,0xa4,0xb0,0x99,0x92,0x82};
                          // 设置数字 "123456" 的字
unsigned char i,w;
w=0x01;                   // 位选码初值为 0x01
for(i=0;i<6;i++)
      {
          P2=～w;          // 位选码取反后送 P2 口
          w<<=1;           // 位选码左移一位，选中下一位 LED
          P1=LED[i];       // 显示段码送 P1 口
          delayms(9);      // 延时 10ms
          P1=0xff;         // 必须加这句，清消隐
          }
}
main()                    // 主函数
{
while(1)
    {     disp2();    }
  }
```

2.3.5 进阶提高

单片机驱动 8 位数码管显示电路如图 2-19 所示。使用 AT89C51 单片机，驱动 8 位共阳极数码管，让其轮流显示数字 "1" ～ "8"。该功能使用 _crol_ 函数实现。_crol_ 与 _cror_ 的作用是左、右循环代码，具有执行简单、效率高的优点。

循环左移、右移函数在单片机 C 语言编程中经常用到，语句为 "变量 =_crol_（变量名，移动位数）"。例如，"P0=_crol_（P0，1）；P0=1100111" 表示执行 "P0=_crol_（P0，1）" 指令后，P0=1001111，这是循环左移。_cror_ 则是循环右移函数，与 _crol_ 的用法相同。

单片机驱动 8 位数码管显示电路对应的程序代码如下。

```
#include<reg52.h>
#include<intrins.h>
#define uchar unsigned char      // 宏定义，用 uchar 替换 unsigned char
uchar code table[]={0xc0,0xf9,0xa4,0xb0,0x99,0x92,  // 定义字符 "0" ～ "9" 和 "A" ～
                                    // "F" 的段码数组
0x82,0xf8,0x80,0x90,0x88,0x83,0xc6,0xa1,0x86,0x8e};
void delay(int z);               // 延时函数声明
  /* 主函数 */
void main()
{
    int i;
    P2=0xfe;                     // 开段选，打开第一位数码管
    while(1)                     // 进入大循环，开始动态扫描
```

```
    {
        for(i=0;i<8;i++)            // 依次扫描 8 位数码管
        {
            P1=table[i+1];          // 给段选端 P0 送段码
          delay(5000);
            P2=_crol_(P2,1);        // 循环左移
        }
    }
}
void delay(int z)                   // 定义延时函数
{
    int x,y;
    for(x=z;x>0;x--)
        for(y=50;y>0;y--);
}
```

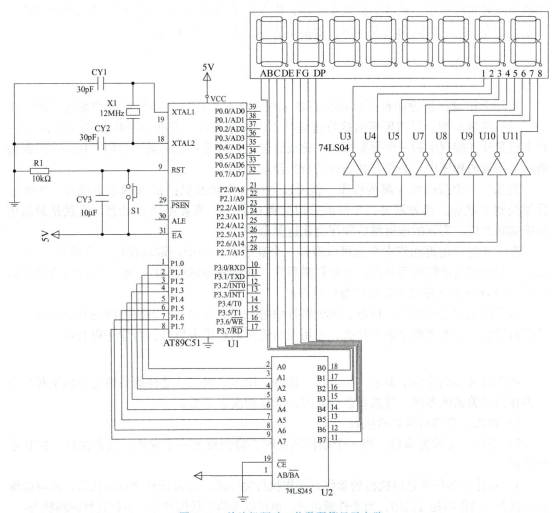

图 2-19　单片机驱动 8 位数码管显示电路

任务 2.4　抢答器设计

以 AT89C51 单片机为核心器件，设计实现 8 路抢答器系统。

2.4 简易抢答器设计

在硬件方面，用 7 段数码管显示抢答倒计时和答题倒计时，计时时间能够在 1 ～ 99s 内设定，并由后两位数码管显示。当抢答成功和倒计时时间到时，都有蜂鸣器进行鸣叫声提示。若有人成功抢答，则由蜂鸣器和数码管同时准确提示抢答结果。另外，单片机选择的是 12MHz 的晶振，因此，分辨速度可以达到 μm 级。

在软件方面，使用 C 语言编写程序，程序设计主要包括显示部分、键盘扫描部分。通过硬件和软件的配合，实现抢答器的功能，达到设计的目的。

用 key0 ～ key7 分别表示 8 个按键，按键编号对应号码 1 ～ 8。用 k1、k2 表示两个独立按键，用来控制抢答的开始和系统清零。抢答器具有数据锁存和显示功能。抢答开始后，若有抢答按键被按下，则锁存器锁存相应的编号，并在数码管上显示该编号，同时蜂鸣器给出鸣叫声提示。抢答实行优先锁存，优先选手的编号一直保持到主持人将系统清零为止。若在一定的时间内没人抢答，则系统清零，表示抢答无效。

2.4.1　状态机的概念

实际上按键识别检测也可以用状态机来编程实现，使用状态机最节约系统资源，例如，进行按键检测，只需要定时执行按键状态机程序即可。下面介绍状态机的基本概念。状态机是软件编程中的一个重要概念，比概念更重要的是对它的灵活应用。在一个思路清晰而且高效的程序中，必然有状态机的身影浮现。

例如，一个按键命令解析程序，就可以当作一个状态机：在 A 状态下触发一个按键后切换到 B 状态，再触发另一个按键后切换到 C 状态，或者返回 A 状态。这就是最简单的按键状态机。实际的按键解析程序会比这复杂些。

进一步看，击键动作本身也可以看作一个状态机。一个击键动作包含了释放、抖动、闭合、抖动和重新释放等状态。显示扫描程序、通信命令解析程序、继电器的吸合和释放控制、LED 的亮灭控制等都可以看作状态机。

当我们把状态机作为一种思想用到编程中时，就会找到一条解决问题的有效捷径。用状态机的思维去思考程序该干什么，比用控制流程的思维去思考，可能会更有效。

1. 状态机的要素

状态机可归纳为四个要素，即现态、条件、动作、次态。这样的归纳主要出于对状态机内在因果关系的考虑，现态和条件是因，动作和次态是果。

1）现态：指当前所处的状态。

2）条件：又称为事件。当一个条件满足时，将会触发一个动作，或者执行一次状态的迁移。

3）动作：条件满足后执行的动作。动作执行完毕后，可以迁移到新的状态，也可以保持原状态。动作不是必需的，当条件满足后，也可以不执行任何动作，直接迁移到新状态。

4）次态：条件满足后要迁往的新状态。次态是相对于现态而言的，次态一旦被激活，就转变成新的现态。

如果进一步归纳，把现态和次态统一起来，忽略动作，就只剩下两个最关键的要素，即状态、迁移条件。

2. 状态迁移图

状态迁移图（STD）是一种描述系统状态和相互转化关系的图形。状态迁移图的画法有许多种，不过一般大同小异。下面结合图 2-20 所示的状态迁移图来说明一下它的画法。

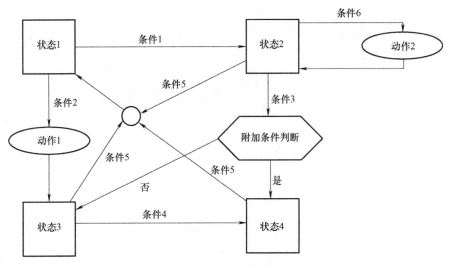

图 2-20 状态迁移图

1）状态：用方框表示状态，包括现态和次态。

2）条件及迁移箭头：用箭头表示状态迁移的方向，在该箭头上标注迁移条件。

3）节点：当多个箭头指向一个状态时，可以用节点符号（小圆圈）连接汇总。

4）动作：用椭圆框表示。

5）附加条件判断：用六角菱形框表示。

状态迁移图与常见的流程图有着本质区别，具体体现为：在流程图中，箭头代表程序指针的跳转；在状态迁移图中，箭头代表状态的迁移。状态迁移图比普通的程序流程图更简练、直观、易懂。

2.4.2 抢答器电路硬件设计

在 Proteus 软件中按图 2-21 所示，绘制抢答器电路。

2.4.3 抢答器电路软件设计

在 Keil 软件中新建工程，录入如下程序，并调试运行。

```
#include<reg52.h>
#define uchar unsigned char
#define uint unsigned int
#define KeyPort P3
sbit smg1=P2^4;
```

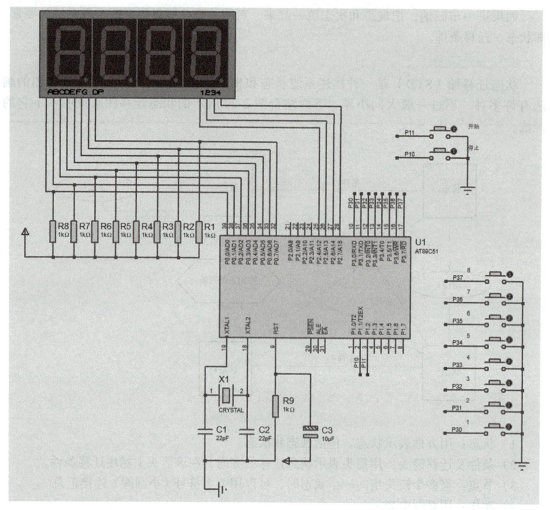

图 2-21　抢答器电路

```
sbit smg2=P2^5;
sbit smg3=P2^6;
sbit smg4=P2^7;
sbit keyks=P1^2;
sbit keytz=P1^1;
#define keystate0 0
#define keystate1 1
#define keystate2 2
uchar ucKeyStatus=0;
unsigned char keyvalue=0;
uint count=0;
uchar temp1;
uchar temp[4]={0x3f,0x3f,0x3f,0x3f};
bit flag=0;
int table[]={0x3f,0x06,0x5b,0x4f,0x66,0x6d,0x7d,0x07,0x7f,0x6f};
uchar weixuan[4]={0xef,0xdf,0xbf,0x7f};
/**********10ms 延时子程序 **********/
```

```
void delay10ms(void)
{
  uchar i,k;
  for(i=20;i>0;i--)
  for(k=250;k>0;k--);
}
/**********ms 级延时子程序 **********/
void delayms(uint x)     // x=1, 约 1ms 延时函数，数码管用
{
    uint y,z;
    for(y=x;y>0;y--)
    for(z=111;z>0;z--);
}
/********** 状态机按键扫描程序 **********/
uchar keyscan()
{
    switch(ucKeyStatus)
      {
         case keystate0:
        ucKeyStatus=keystate1;
        break;
        case keystate1:
switch(KeyPort)
  {
        case 0xfe:keyvalue=1;++count;break;// 第 1 个按键按下
        case 0xfd:keyvalue=2;++count;break;// 第 2 个按键按下
        case 0xfb:keyvalue=3;++count;break;// 第 3 个按键按下
        case 0xf7:keyvalue=4;++count;break;// 第 4 个按键按下
        case 0xef:keyvalue=5;++count;break;// 第 5 个按键按下
        case 0xdf:keyvalue=6;++count;break;// 第 6 个按键按下
        case 0xbf:keyvalue=7;++count;break;// 第 7 个按键按下
        case 0x7f:keyvalue=8;++count;break;// 第 8 个按键按下
        default:keyvalue=0xff;break;        // 其他情况，无按键按下
      }
/********** 功能键识别检查 **********/
void KeyScan_1(void)
{
    uchar i;
    if(keytz==0)
     {
      delay10ms();
           if(keytz==0)
      {
            while(!keytz);
             count=0;
              for(i=0;i<4;i++)
               {
```

```
            temp[i]=0x40;}
      }
            flag=0;
            }}}
// 开始键是否按下
if(keyks==0)
    {
       delay10ms();
        if(keyks==0)
         {
            while(!keyks);
            count=0;
            for(i=0;i<4;i++){
          temp[i]=0x40;}
             }
          flag=1;
       }
}
// 数码管显示
void smg()
 {
   uchar i;
   for(i=0;i<4;i++)
   {
       P0=temp[i];
       P2=weixuan[i];
       delayms(1);
       P2=0xff;
   }
   }
/********** 主函数 **********/
void main()
{
 while(1)
 {        smg();
          temp1=keyscan();
   if((count==1)&&(flag==1))
{
     temp[0]=0x40;
     temp[1]=table[0];
     temp[2]=table[0];
     temp[3]=table[temp1];
     }
       KeyScan_1();
    }
       }
```

任务 2.5　拓展训练　手动计数器设计

根据高水平篮球比赛的要求，完善的篮球比赛计时计分系统的设备应能够与现场成绩处理、现场大屏幕、电视转播车等多种设备相关联，以便实现比赛现场感、表演娱乐等功能。由于单片机集成度高、功能强、通用性好，特别是它具有的体积小、重量轻、能耗低、价格便宜、可靠性高、抗干扰能力强和使用方便等独特的优点，使其迅速得到推广应用，已经成为测量、控制、应用系统中的优选机种和电子产品的关键部件。各大电气厂家、测控技术企业、机电行业竞相把单片机应用于产品更新，作为实现数字化、智能化的核心部件。篮球计时计分器就是以单片机为核心的计时计分系统，由计时器、计分器、综合控制器等组成。通过基于单片机设计的手动计数器，我们可以更清楚、详细地了解单片机程序设计的基本指令功能、编程步骤和技巧、单片机的结构和原理，以及基于单片机开发应用的相关芯片的工作原理，并在将来的工作和学习中加以应用。

手动计数器电路如图 2-22 所示，单片机引脚 P3.2 接一个按键，数码管最开始显示全 0，按下一次按键加 1，把加得的和用 8 位数码管显示出来。

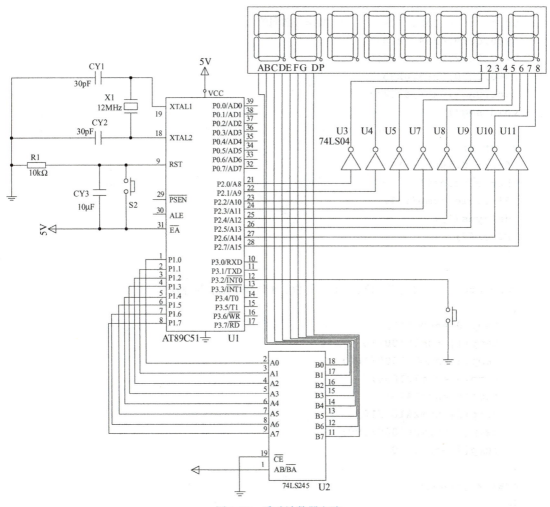

图 2-22　手动计数器电路

手动计数器对应的程序代码如下。

```c
#include<reg52.h>
#define uchar unsigned char
#define uint unsigned int
sbit keyport=P3^2;
#define keystate0 0        // 按键第一次按下状态
#define keystate1 1        // 按键按下确认状态
#define keystate2 2
char keystate=2;           // 按键状态初始化为按键无动作状态
uint num1=0,num2=0;
uchar weixuan[8]={0x7f,0xbf,0xdf,0xef,0xf7,0xfb,0xfd,0xfe};// 位选代码
uchar temp[8]=0;           // 从高位到低位对应数码管从左到右
void delayms(uint x)       // 1ms
{
    uint y,z;
    for(y=x;y>0;y--)
        for(z=111;z>0;z--);
}
uchar code table[]={       // 共阳极数码管
0xc0,0xf9,0xa4,0xb0,
0x99,0x92,0x82,0xf8,
0x80,0x90,0x88,0x83,
0xc6,0xa1,0x86,0x8e};
void smg()
{
uchar i;
 for(i=0;i<8;i++){
 P2=weixuan[i];
 P1=table[temp[i]];
 delayms(1);
 P2=0xff;
 }
 }
void proc()// 分离出万位、千位、百位、十位和个位，等待显示
{
    temp[0]=num1%10;
    temp[1]=num1%100/10;
    temp[2]=num1%1000/100;
    temp[3]=num1/1000;
    temp[4]=num2%10;
    temp[5]=num2%100/10;
    temp[6]=num2%1000/100;
    temp[7]=num2/1000;
}
char keyscan()
{
    switch(keystate)
```

```
    {
        case keystate0:     // keystate0 为第一次检测到按键按下状态，下一状态为
                            // keystate1（按键按下确认状态）
            keystate=keystate1;
            return 0;
        case keystate1:     // keystate1 为按键按下确认状态，下一状态为 keystate2
                            //（按键无动作状态）
            if(!keyport)
            {
                keystate=keystate2;
                while(!keyport);
                return 1;
            }
            else
                keystate=keystate2;
            return 0;
        case keystate2:     // keystate2 为按键无动作状态，下一状态为 keystate0（第
                            // 一次检测到按键按下状态）
            if(!keyport)
            {
                keystate=keystate0;
            }
            else
                keystate=keystate2;
            return 0;
    }
}
void main()
{
    while(1)
    {
        if(keyscan())
        {
            num1++;
            if(num1>=10000)
            {
                num1=0;
                num2++;
                if(num2>=10000)
                {
                    num2=0;
                }
            }
            proc();
        }
        smg();
    }
}
```

项目小结

本项目主要介绍了数码管的结构、分类；LED 数码管编码方法，掌握显示数码转换为显示字段的编程方法；静态、动态显示方法的结构原理和特点。通过本项目的完成，可以对数码管的结构和两种显示的工作原理有清楚的认识和掌握，也对单片机控制数码管显示的设计流程和设计方法有清晰的认识，并可以熟练地操作。

课后练习

一、选择题

1. 轻触按键是单片机系统用于人机交互的典型外设，这种按键通常为机械弹性开关，打开与闭合过程中会产生抖动，抖动的时间一般为（   ）。

A. 10μs　　　　　　　B. 5 ～ 10ms　　　　　C. 200 ～ 300ms　　　D. 1 ～ 2s

2. 下列数组定义中正确的是（   ）。

A. int x[2][3]={1，2，3，4，7，9}；　　　B. int x[][3]={0}；

C. int x[][3]={{1，2，3}，{4，5，6}}；　　D. int x[2][3]={{1，2}，{3，4}，{5，6}}；

3. 关于软件延时说法正确的是（   ）。

A. 软件延时是精准延时方法之一

B. 软件延时是最高效的延时手段

C. 空函数 _nop（   ）常用作软件延时的基本单位

D. 软件延时和系统时钟没有关系

4. 下列芯片中，常用于扩展 I/O 输出、驱动数码管等外设的是（   ）。

A. 74HC02　　　　　B. 74HC04　　　　　C. 74HC595　　　　　D. CH340C

5. 单片机的复位方式是（   ）电平复位。

A. 低　　　　　　　B. 高　　　　　　　C. 可配置　　　　　　D. 不确定

6. 根据视觉暂留效应，通过动态扫描的方法，驱动 4 位数码管，每一位的时间间隔设计为（   ）ms 时，显示效果较好。

A. 2　　　　　　　　B. 10　　　　　　　C. 20　　　　　　　　D. 100

二、问答题

1. 什么是按键抖动？有哪些消抖方法？

2. 用软件延时的方法消抖时，软件延时一般多久？

三、综合题

1. 在本项目图 2-18 所示电路图的基础上，设计程序使 6 位数码管分别显示自己学号的后六位数字。

2. 请自己设计电路，在 4 位数码管上稳定显示"A""B""C""D"四个字符。

项目 3 抽奖器设计

项目导读

在我国传统节日中秋节期间，某商场为了增加营业额，吸引更多的顾客，举办"吟诗赏月"促销活动，持商场消费单并背下一句关于中秋的诗词，即可获取一张抽奖券，在中秋当天通过抽奖器随机抽出一组数字编号，这组数字编号为中奖号，若顾客持有的抽奖券与中奖号相同则为中奖。本项目的任务是基于此背景采用单片机制作一个简易抽奖器，要求按抽奖键开始抽奖，同时数码管显示抽奖号码，当再次按抽奖键时，抽奖器停止运行并稳定显示中奖号。

项目目标

知识目标	1. 熟悉单片机中断的硬件结构 2. 掌握单片机中断的使用 3. 完成简易抽奖器的设计
技能目标	1. 掌握使用 Proteus 软件设计单片机抽奖器电路的技能 2. 掌握使用 Keil 软件设计单片机抽奖器程序的技能
素养目标	1. 坚定文化自信，增强民族自豪感 2. 培养团队合作能力、专业技术交流的表达能力 3. 培养解决实际问题的工作能力

任务 3.1　外部中断的简单实例

中断技术主要用于实时监测与控制，要求单片机能及时地响应中断源提出的服务请求，做出快速响应并及时处理。本次任务要求利用按键（按键接引脚 P3.2）模拟外部中断 0，当外部中断 0 有中断请求时，CPU 响应该中断请求，中断程序使引脚 P1.0 所接的 LED 点亮，再一次按下按键则 LED 熄灭。

3.1.1　中断的概述

生活中的中断，例如看书→电话响起→书签标记书页→接电话→从书签页继续看书，与计算机中的中断相似。

中断是指通过硬件来改变 CPU 的运行方向。中断的具体过程是，当 CPU 正在执行程序 A（主程序）时，单片机的内部或

3.1 认识单片机中断系统

外部发生了某特殊事件 B（中断源）请求 CPU 迅速处理，于是 CPU 中断当前程序，转去执行事件 B 的处理程序（执行一段中断服务程序），处理结束后，再返回原来中断的地方

（断点）继续运行。引起中断的原因，或能发出中断申请的来源，称为中断源。中断源要求的服务请求称为中断请求或中断申请。中断的处理过程主要包括 4 个阶段：中断请求、中断响应、中断服务、中断返回。中断响应和处理过程如图 3-1 所示。

中断解决了快速 CPU 与慢速外设的数据传送，还具有如下优点。

1）分时操作。CPU 可以分时为多个外设服务，提高了计算机的利用率。

2）实时响应。CPU 能够及时处理应用系统的随机事件，增强实时控制。

3）可靠性高。CPU 具有处理设备故障及掉电等突发性事件能力，从而使系统可靠性提高。

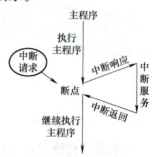

图 3-1　中断响应和处理过程

1. 中断系统的结构

中断系统指单片机中实现中断功能的相关硬件和软件的集合。AT89C51 中断系统的结构如图 3-2 所示。AT89C51 中断系统有 5 个中断源，分为 2 个优先级，可实现两级中断服务程序嵌套。

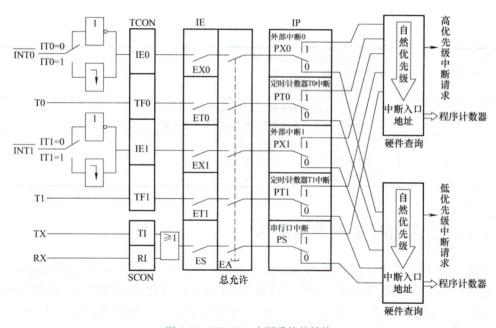

图 3-2　AT89C51 中断系统的结构

2. 中断源

中断源是指能发出中断请求、引起中断的装置或事件。51 单片机有 5 个中断源，包括 2 个外部中断源和 3 个内部中断源（2 个定时器溢出中断和 1 个串行口中断）。5 个中断源的排列顺序由中断优先级控制寄存器 IP 和顺序查询逻辑电路共同决定，5 个中断源分别对应 5 个固定的中断入口地址。

（1）中断请求

1）$\overline{INT0}$：外部中断 0 请求，由引脚 P3.2 输入，通过 IT0 位（TCON.0）选择其为低

电平有效还是下降沿有效。当输入有效的中断信号时，中断请求标志位 IE0 置 1，向 CPU 申请中断。

2）$\overline{INT1}$：外部中断 1 请求，由引脚 P3.3 输入，通过 IT1 位（TCON.2）选择其为低电平有效还是下降沿有效。当输入有效的中断信号时，中断请求标志位 IE1 置 1，向 CPU 申请中断。

3）TF0：T0 溢出中断请求，当 T0 溢出时，中断请求标志位 TF0（TCON.5）置 1，向 CPU 申请中断。

4）TF1：T1 溢出中断请求，当 T1 溢出时，中断请求标志位 TF1（TCON.7）置 1，向 CPU 申请中断。

5）RI 或 TI：串行口中断请求。当串行口接收完一帧串行数据时置位 RI（SCON.0）或当串行口发送完一帧串行数据时置位 TI（SCON.1），向 CPU 申请中断。

（2）中断入口地址

单片机响应中断后，由硬件生成程序调用指令，把当前程序计数器的内容压入堆栈保存，将硬件生成的地址装入程序计数器，成为中断入口地址。

（3）中断请求标志位

中断请求标志位为每一个中断源对应的中断请求标志。中断请求信号发出后，必须在相应的存储单元中设定标志，以便 CPU 及时查询响应。

（4）自然优先级

自然优先级为由硬件形成的单片机中断源在同一优先级下的相应顺序。

中断源见表 3-1。

表 3-1　中断源

中断源	中断请求标志位	中断入口地址	中断类型号	自然优先级
外部中断 0	IE0	0003H	0	
定时 / 计数器 T0	TF0	000BH	1	最高级
外部中断 1	IE1	0013H	2	↓
定时 / 计数器 T1	TF1	001BH	3	
串行口	RI、TI	0023H	4	最低级

3.1.2　中断相关寄存器

要使用 51 单片机的中断功能，必须掌握 4 个相关的特殊功能寄存器中特定位的意义及其使用方法。中断源是否有中断请求是由中断请求标志来表示的，中断请求标志分别由寄存器 TCON 和 SCON 的相应位锁存。中断允许控制寄存器 IE 和中断优先级控制寄存器 IP 分别控制中断源的允许和优先级。

1. 定时 / 计数器控制寄存器 TCON

TCON 为 8 位特殊功能寄存器，为定时 / 计数器控制寄存器，也用来锁存定时 / 计数器 T0 和 T1 的溢出中断请求，TF0、TF1 标志及外部中断请求标志 IE0、IE1。TCON 的字节地址为 88H，可按位寻址，TCON 各位的定义见表 3-2。

表 3-2　TCON 各位的定义

位编码	TCON.7	TCON.6	TCON.5	TCON.4	TCON.3	TCON.2	TCON.1	TCON.0
位名称	TF1	TR1	TF0	TR0	IE1	IT1	IE0	IT0
位地址	8FH	8EH	8DH	8CH	8BH	8AH	89H	88H

TCON 各位的作用如下。

1）TF1：定时/计数器 T1 的溢出中断请求标志位。当 T1 计数产生溢出时，由硬件使 TF1 置 1，向 CPU 申请中断。CPU 响应 TF1 中断时，TF1 标志由硬件自动清 0，也可由软件清 0。

2）TF0：定时/计数器 T0 的溢出中断请求标志位，功能与 TF1 类似。

3）IE1：外部中断 1 的中断请求标志位。

4）IE0：外部中断 0 的中断请求标志位，功能与 IE1 类似。

5）IT1：选择外部中断 1 为边沿触发方式还是电平触发方式。

IT1=0 为电平触发方式，引脚低电平有效，并把 IE1 置 1。转向中断服务程序时，由硬件自动把 IE1 清 0。

IT1=1 为边沿触发方式，加到引脚上的外部中断请求输入信号电平从高到低的负跳变有效，并把 IE1 置 1。转向中断服务程序时，由硬件自动把 IE1 清 0。

6）IT0：选择外部中断 0 为边沿触发方式还是电平触发方式，其功能与 IT1 类似。

7）TR1：定时/计数器 T1 启停控制位。TR1 状态靠软件置 1 或清 0。置 1 时，T1 开始计数，清 0 时 T1 停止工作。

8）TR0：定时/计数器 0 启停控制位，功能与 TR1 类似。

2. 串行口控制寄存器 SCON

SCON 主要用于设置串行口的工作方式，也用于保存串行口的接收中断和发送中断标志。SCON 的字节地址为 98H，位地址的范围是 98H ～ 9FH，可按位寻址，SCON 各位的定义见表 3-3，其中只有 TI 和 RI 两位为串行口中断标志位。

表 3-3　SCON 各位的定义

位编码	SCON.7	SCON.6	SCON.5	SCON.4	SCON.3	SCON.2	SCON.1	SCON.0
位名称	SM0	SM1	SM2	REN	TB8	RB8	TI	RI
位地址	9FH	9EH	9DH	9CH	9BH	9AH	99H	98H

TI 和 RI 的作用如下。

1）TI 为串行口发送中断标志位，位地址为 99H。当串行口发送完一组数据时，TI 由硬件自动置 1，请求中断。CPU 响应中断进入中断服务程序后，TI 状态不能被硬件自动清 0，而必须在中断程序中由软件清 0。

2）RI 为串行口接收中断标志位，位地址为 98H。当串行口接收完一组串行数据时，RI 由硬件自动置 1，请求中断。CPU 响应中断进入中断服务程序后，RI 也必须由软件清 0。

3. 中断允许控制寄存器 IE

中断的开放和关闭是通过中断允许控制寄存器 IE 各位的状态进行两级控制的，所谓两级控制是指所有中断允许的总控制位和各中断源允许的单独控制位，每位状态靠软件来设定。IE 各位的定义见表 3-4。

表 3-4　IE 各位的定义

位编码	IE.7	IE.6	IE.5	IE.4	IE.3	IE.2	IE.1	IE.0
位名称	EA	—	—	ES	ET1	EX1	ET0	EX0
位地址	AFH	—	—	ACH	ABH	AAH	A9H	A8H

IE 各位的作用如下。

1）EX0：外部中断 0 的中断允许控制位。EX0 = 1，允许外部中断 0 中断；EX0 = 0，禁止外部中断 0 中断。

2）ET0：定时 / 计数器 T0 的溢出中断允许控制位。ET0 = 1，允许 T0 中断；ET0 = 0，禁止 T0 中断。

3）EX1：外部中断 1 的中断允许控制位。EX1 = 1，允许外部中断 1 中断；EX1 = 0，禁止外部中断 1 中断。

4）ET1：定时 / 计数器 T1 的溢出中断允许控制位。ET1 = 1，允许 T1 中断；ET1 = 0，禁止 T1 中断。

5）ES：串行口中断允许控制位。ES = 1，允许串行口中断；ES = 0 禁止串行口中断。

6）EA：中断总允许控制位。EA=0，CPU 禁止响应所有中断源的中断请求；EA=1，CPU 允许开放中断，此时各中断源是否被 CPU 允许响应，由各自中断允许控制位决定。

4. 中断优先级控制寄存器 IP

AT89C51 的中断优先级由中断优先级控制寄存器 IP 进行控制。其 5 个中断源划分为两个中断优先级：高优先级和低优先级。

每一个中断源都可以通过 IP 中的相应位设置成高优先级中断或低优先级中断。相应位置 1，定义为高优先级中断；相应位清 0，定义为优先低级中断。因此，CPU 对所有中断请求只能实现两级中断嵌套。IP 各位的定义见表 3-5。

表 3-5　IP 各位的定义

位编码	IP.7	IP.6	IP.5	IP.4	IP.3	IP.2	IP.1	IP.0
位名称	—	—	—	PS	PT1	PX1	PT0	PX0
位地址	—	—	—	BCH	BBH	BAH	B9H	B8H

IP 各位的控制功能如下。

1）PX0：外部中断 0 优先级控制位。PX0=1，设定外部中断 0 为高优先级中断；PX0=0，设定外部中断 0 为低优先级中断。

2）PT0：定时 / 计数器 T0 中断优先级控制位。PT0=1，设定定时 / 计数器 T0 中断为高优先级中断；PT0=0，设定定时 / 计数器 T0 中断为低优先级中断。

3）PX1：外部中断 1 优先级控制位。PX1=1，设定外部中断 1 为高优先级中断；PX1=0，设定外部中断 1 为低优先级中断。

4）PT1：定时 / 计数器 T1 中断优先级控制位。PT1=1，设定定时 / 计数器 T1 中断为高优先级中断；PT1=0，设定定时 / 计数器 T1 中断为低优先级中断。

5）PS：串行口中断优先级控制位。PS=1，设定串行口中断为高优先级中断；PS=0，设定串行口中断为低优先级中断。

当同时收到几个中断时，CPU 响应优先级最高的中断；中断过程不能被同级、低优先级所中断；低优先级中断服务能被高优先级中断；同一优先级同时向 CPU 发出中断请求时，按自然优先级顺序决定接收哪个中断请求。

3.1.3 中断响应

中断响应是指 CPU 对中断源中断请求的响应。CPU 并非任何时刻都能响应中断请求，而是当满足所有中断响应条件且不存在任何一种中断阻断情况时才会响应。

1. CPU 响应中断的条件

中断响应条件如下。

1）有中断源发出中断请求。

2）中断总允许控制位 EA 置 1。

3）申请中断的中断源允许位置 1。

CPU 响应中断的阻断情况如下。

1）CPU 正在响应同级或更高优先级的中断。

2）当前指令未执行完。

3）正在执行中断返回或访问寄存器 IE 和 IP。

2. 中断的响应过程

中断响应过程就是自动调用并执行中断函数的过程，具体如下。

1）保护断点，保存下一条将要执行指令的地址，即把这个地址送入堆栈。

2）寻找到中断入口，根据 5 个不同中断源所产生的中断，查找不同的中断入口地址。

3）执行中断程序。

4）中断返回，执行完中断程序后返回到断点，继续执行原来的程序。

3. 中断系统初始化

要使用中断，必须进行中断系统初始化，具体过程如下。

1）开放中断总允许控制位 EA，置位对应中断源的中断允许控制位。

2）对于外部中断，设置 TCON，选择中断触发方式是低电平触发还是下降沿触发。

3）对于多个中断源，应设定中断优先级，设置寄存器 IP。

具体中断使用时如何初始化，通过下例说明。

【例】 试根据要求设置寄存器 IP。设 AT89C51 的片外中断为高优先级中断（$\overline{INT0}$、$\overline{INT1}$），片内中断为低优先级中断。

分析：用位操作指令

```
PX0=1;// 置外部中断 0 为高优先级中断
PX1=1;// 置外部中断 1 为高优先级中断
PT0=0;// 置 T0 溢出中断为低优先级中断
PT1=0;// 置 T1 溢出中断为低优先级中断
PS=0;  // 置串行口中断为低优先级中断
```

CPU 响应中断处理结束后转移到中断服务程序的入口，从中断服务程序的第一条指令开始到返回指令为止。C51 编译器支持在 C 语言程序中直接以函数形式编写中断服务程序。常用的中断函数定义语法如下：

```
void  函数名 ()interrupt n using m
```

中断函数只能用 void 说明，表示没有返回值，同时也表示没有形式参数，其中 n 为中断类型号，C51 编译器允许最多 32 个中断，因此 n 的取值范围是 0 ～ 31。以 AT89C51 单片机为例，编号从 0 ～ 4，分别对应外部中断 0、定时 / 计数器 T0 中断、外部中断 1、定时 / 计数器 T1 中断、串行口中断。关键字 using 后面的 m 为所选择的寄存器组，m 的取值范围是 0 ～ 3。5 个中断源所对应的中断类型号和中断入口地址见表 3-1。

编写中断函数时应注意：不能进行参数传递，否则编译器将产生错误信息；无返回值；不能直接调用中断函数；不同的中断函数使用不同的寄存器组。

4. 中断响应时间

中断响应时间是指从产生中断请求标志到 CPU 开始执行中断服务程序的第一条语句所需要的时间。

1）在中断请求不被阻断的情况下，外部中断响应时间至少需要 3 个机器周期，这是最短的中断响应时间。一般来说，若系统中只有一个中断源，则中断响应时间为 3 ～ 8 个机器周期。

2）在中断请求被阻断的情况下，如果系统不满足所有中断响应条件或者存在任何一种中断阻断情况，那么中断请求将被阻断，中断响应时间将会延长。

5. 中断请求撤销

CPU 响应某中断请求后，在中断返回（复位）之前，该中断请求应及时撤销，否则会重复引起中断而发生错误。

1）定时 / 计数器中断请求的撤销：硬件会自动把中断请求标志位（TF0 或 TF1）清 0，自动撤销。

2）串行口中断请求的撤销：响应串行口中断后，CPU 无法知道是接收中断还是发送中断，还需测试这两个中断请求标志位，以判定是接收操作还是发送操作，然后才清除。所以串行口中断请求的撤销只能使用软件的方法，在中断服务程序中进行，即用如下指令在中断服务程序中对串行口中断请求标志位进行清除：

```
CLR   TI;     // 清 TI 标志位
CLR   RI ;    // 清 RI 标志位
```

3）外部中断请求的撤销：与触发方式控制位的设置有关。采用边沿触发的外部中断，在 CPU 响应中断后，由硬件自动清除相应的标志位，使中断请求自动撤销；采用电平触发的外部中断，应采用电路和程序相结合的方式撤销外部中断的中断请求信号。

4）中断返回，中断服务程序的最后一条指令是中断返回指令。它的功能是将断点地址从堆栈中弹出，送回程序计数器中，CPU 就结束本次中断服务，使程序能返回到原来被中断的地方继续执行。

3.1.4　外部中断控制 LED 闪烁电路硬件设计

外部中断控制 LED 闪烁电路如图 3-3 所示，通过按键控制 D1，使用中断函数让小灯的状态翻转。

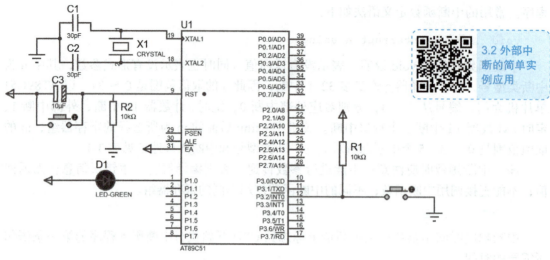

图 3-3　外部中断控制 LED 闪烁电路

3.1.5　外部中断控制 LED 闪烁电路软件设计

该任务利用外部中断实现 LED 闪烁控制程序，程序代码如下。

```
#include <reg51.h>            //包含单片机寄存器的头文件
#define uchar unsigned char  //宏定义，定义 uchar 为无符号字符型
#define uint unsigned int    //宏定义，定义 uint 为无符号整型
sbit LED=P1^0;               //引脚 P1.0 定义为 LED
 void int0_init()            //外部中断 0 初始化程序
{
   EA = 1;                   //开中断总允许
   EX0 = 1;                  //允许外部中断 0 中断
   IT0 = 1;                  //设置为下降沿触发
}
void main()                  //主程序
{
   int0_init();              //调用外部中断 0 初始化子程序
      while(1);              //原地踏步，等待中断产生
}
void int0()interrupt 0       //外部中断 0 的中断服务程序，名字取为 int0
{
      LED= ~ LED;            //进入中断，就对引脚 P1.0 的电平取反
}
```

任务 3.2　外部中断的复杂实例

本任务要求利用按键（按键接引脚 P3.2）模拟外部中断 0，当外部中断 0 有中断请求时，统计中断计数，显示在数码管上。

3.3 外部中断的复杂实例应用

3.2.1　外部中断的复杂电路硬件设计

外部中断的复杂电路如图 3-4 所示，电路功能是每按一次启停按键，数码管就进行加 1 计数。

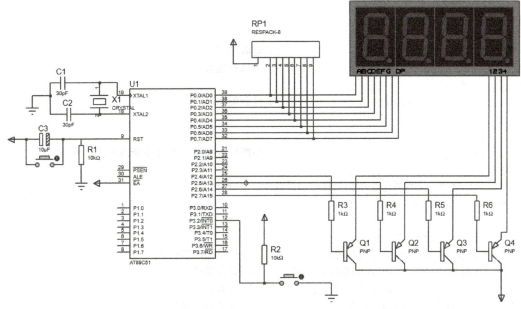

图 3-4　外部中断的复杂实例电路

3.2.2　外部中断的复杂电路软件设计

在 Keil 软件中新建工程，录入如下程序（要考虑按键延时消抖），并调试运行。

```
#include <reg51.h>                        /* 51 单片机资源说明 */
#define uchar unsigned char              // 宏定义
#define uint  unsigned int               // 宏定义
uchar code BitTab[]={0x7F,0xBF,0xDF,0xEF};    // 位选信号数组
uchar code DispTab[]={0xC0,0xF9,0xA4,0xB0,0x99,
0x92,0x82,0xF8,0x80,0x90};          /* 共阳极段码表 */
uint count=0;                    // 计数值
sbit key=P3^2;                   // 按键定义
/*************** 中断初始化函数 init()*****************/
void init()
    {
        EA=1;                    // 打开中断总允许
        EX0=1;                   // 允许外部中断 0 中断
        IT0=1;                   // 引脚 P3.2 信号出现负跳变时触发中断
    }
/********** 12MHz 晶振，毫秒级延时函数 mDelay()**********/
void mDelay(uint m)
{
    uchar c;
    for(;m>0;m--)
```

```
        for(c=124;c>0;c--);
}
/*************** 获取计数值的中断函数 ***************/
void    int_0()    interrupt 0
{ EA=0;                              // 进入中断服务程序，暂时禁止所有中断
    key=1;
   if(key==0)
   {
       mDelay(10);                   // 延时消抖
          if(key==0)                 // 确认有键按下
            {
              count++;               // 计数值加 1
            }
   }
   EA=1;                             // 中断处理完毕，打开中断总允许
}
/**********4 位数码管显示和扫描驱动设计 **********/
void disp_LED()
{
   uchar j,tmp,DispBuf[4];
   DispBuf[3]=count/1000;            /* 计数值的千位 */
   DispBuf[2]=(count%1000)/100;      /* 计数值的百位 */
   DispBuf[1]=(count%100)/10;        /* 计数值的十位 */
   DispBuf[0]=count%10;              /* 计数值的个位 */
   for(j=0;j<4;j++)                  /* 动态扫描 */
          {   tmp=DispBuf[j];
          P0=DispTab[tmp];           // 送段码信号
          P2=BitTab[j];              // 送位选信号
          mDelay(1);
          P2=0xff;                   // 熄灭数码管，消除相互干扰
              }
}
/********** 主函数 **********/
void main()
{
   init();                          // 中断初始化
   while(1)
          {
            disp_LED();              // 调用数码管显示
            mDelay(15);              // 延时
          }
}
```

任务 3.3　中断嵌套实例

本任务由 P2 口驱动 8 只 LED 实现闪烁。当产生外部中断 0 时，LED 逐一点亮，循环 2 次；当产生外部中断 1 时，P0 口驱动 BCD 数码管，实现 9～0 的倒数计数，也循环 2 次；当产生

3.4 中断嵌套实例应用

外部中断 1 的同时产生外部中断 0，那么外部中断 1 会被暂时中断。外部中断 0 和外部中断 1 用两只开关来模拟。

3.3.1　中断嵌套的概念

设想一下，你正在看书，电话铃突然响了，你接起电话后，又有人按了门铃，这时你该继续打电话还是去开门？这个生活例子就与单片机中的中断嵌套类似，首先要根据这些事件的紧急性和重要性来判断其优先级，再进行处理。

当一个中断正在执行时，如果事先设置了中断优先级控制寄存器 IP，那么当一个更高优先级的中断到来时会发生中断嵌套，否则不会发生任何嵌套；如果有一个同优先级的中断触发，它并不会"不断地申请"，而是将它相应的中断请求标志位置位，CPU 在执行完当前中断后，按照查询优先级重新查询各个中断请求标志位，进入相应中断服务程序。单片机中断嵌套流程如图 3-5 所示。

需要注意的是，当没有设置 IP 时，单片机会按照查询优先级（逻辑优先级）排队进入中断服务。若要想让某个中断优先响应，则要设置 IP，更改执行优先级（物理优先级）。

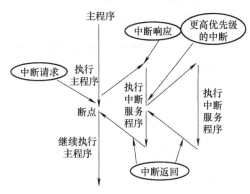

图 3-5　单片机中断嵌套流程

设置 IP 后，当低执行优先级中断正在运行时，若有高执行优先级的中断产生，则会嵌套调用进入高执行优先级的中断。如果是用 C 语言写的程序，并在中断服务时使用了寄存器组，那么需要注意，两个不同执行优先级的中断服务程序不要使用同一组寄存器。

3.3.2　中断嵌套电路硬件设计

中断嵌套电路如图 3-6 所示，使用两个按键模拟外部中断 0 和外部中断 1。

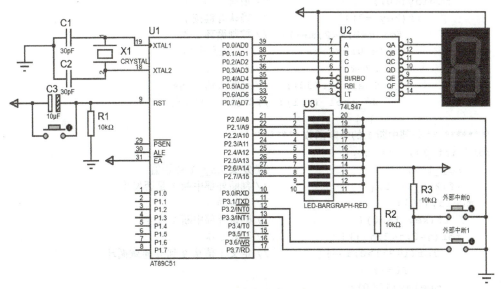

图 3-6　中断嵌套电路

3.3.3 中断嵌套电路软件设计

在 Keil 软件中新建工程，录入如下程序，并调试运行。

```
#include <reg51.h>              /* 51 单片机资源说明 */
#include <intrins.h>            // 包含 _cror_ 和 _crol_ 函数
#define uchar unsigned char     // 宏定义
#define uint  unsigned int      // 宏定义
sbit key=P3^2;                  // 按键定义
sbit key_1=P3^3;                // 按键定义
uchar i,j,k,m;                  // 循环变量
uchar w=0x01;
/*************** 中断初始化 ***************/
void init()
{     EA=1;                     // 中断使能，开放所有中断
          IT0=1;                // 引脚 P3.2 信号出现负跳变触发中断
      IT1=1;                    // P3.3 引脚信号出现负跳变触发中断
      EX0=1;                    // 允许外部中断 0 中断
      EX1=1;                    // 允许外部中断 1 中断
      PX0=1;                    // 外部中断 0 中断高优先级
}
/************** 延时程序 **************/
void mDelay(uint m)
{  uchar c;
   for(;m>0;m--)
   for(c=124;c>0;c--);
}
/************** 外部中断 0 的中断函数 **********/
void int_0()interrupt 0
{     key=1;                    // 定义 key 的初始值
      if(key==0){               // 判断 key 是否为 0，即按键是否按下
      mDelay(10);               // 消抖
          if(key==0){           // 确认有键按下
              for(m=0;m<2;m++){  // 控制循环 2 次
              for(k=0;k<8;k++){   // 控制循环 8 次
                P2=w;           // 点亮 LED
                mDelay(1500);   // 延时大约 1.5s
                w=_crol_(w,1);  // W 循环左移 1 位
                    } } } } }
/********** 外部中断 1 的中断函数 **********/
void int_1()interrupt 2
{    key_1=1;                   // 定义 key_1 初始值
     if(key_1==0){              // 判断外部中断 1 是否发生
   mDelay(10);                  // 去抖动
       if(key_1==0){            // 确认外部中断 1 发生
     for(j=0;j<2;j++){          // 循环 2 次
        for(i=9;i>0;i--){       // 定义 i 值从 9 到 0 递减循环
            P0=i;
        mDelay(1500);
```

```
        }                              // 内层循环显示 9 ～ 0
    }
        P0=0xff;                       // 循环结束数码管全部熄灭
    } } }
/********** 电路初始状态函数 **********/
void state_0(void)
{   P2=0x00;
    mDelay(1500);
    P2=0xff;
    mDelay(1500);
}
/********** **** 主函数 ***************/
void main()
{
    init();                            // 调用中断初始化函数
    while(1){
        state_0();                     // 调用电路初始状态函数
    }
}
```

任务 3.4　数码管显示抽奖器设计

3.5 单片机数码显示抽奖器

按下抽奖按钮，抽奖器随机生成 4 位编码，4 位数码管实时显示编码；再次按下抽奖按钮，抽奖器停止运行，数码管稳定显示中奖号码。

3.4.1　数码管显示抽奖器设计分析

根据设计需求，本系统采用 AT89C51 单片机、按键、显示、C51 库函数及中断实现抽奖功能。因此抽奖器应由单片机最小系统、按键模块和显示模块组成。具体分析如下：中奖是一个随机事件，要保证号码随机性，就必须要求系统产生一个随机码，以减少重复。而随机码产生的算法较为复杂，本设计采用 C51 编译环境提供的库函数，使用 rand（）函数产生中奖号码，然后送入数码管进行显示。

定时/计数器实质上是一个加 1 计数器。每来一个脉冲，计数器就自动加 1，当加到计数器为全 1 时，再输入一个脉冲就使计数器回 0，且计数器的溢出使相应的中断请求标志位置 1，向 CPU 发出中断请求（定时/计数器中断允许时）。若定时/计数器工作于定时模式，则表示定时时间已到；若定时/计数器工作于计数模式，则表示计数值已满。可见，溢出时计数器的值减去计数初值才是加 1 计数器的计数值。

51 单片机定时/计数器的实质是 16 位加 1 计数器，由高 8 位和低 8 位两个寄存器 THx 和 TLx 组成。TMOD 是定时/计数器的工作方式寄存器，用于确定工作方式和功能；TCON 是控制寄存器，用于控制 T0、T1 的启动和停止以及设置溢出标志。

3.4.2　数码管显示抽奖器硬件设计

根据设计要求，数码管显示抽奖器电路如图 3-7 所示。P0 口和 P2.4 ～ 2.7 连接数码管，实现中奖号码显示。P3.2（外部中断 0）连接按键，用于抽奖的启动和停止。

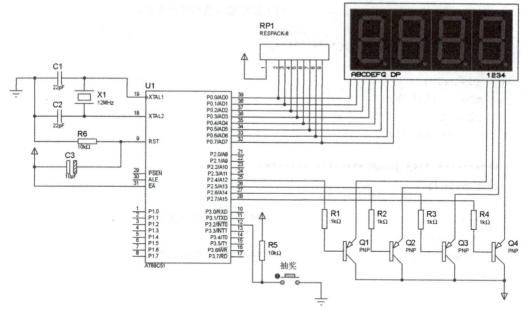

图 3-7　数码管显示抽奖器电路

3.4.3　数码管显示抽奖器软件设计

根据设计要求，软件主要用于实现中奖号码的产生，因此整个程序分为外部中断 0 中断服务函数、中断号码显示函数、中奖号码产生函数和主函数等，程序代码如下。

```c
#include <reg51.h>                          /* 51 单片机资源说明 */
#include <stdlib.h>                         /* 包含 rand() 函数 */
#define uchar unsigned char                 /* 宏定义 uchar 变量类型 */
#define uint  unsigned int                  /* 宏定义 uint 变量类型 */
uchar code BitTab[]={0x7f,0xbf,0xdf,0xef};  /* 数码管位选扫描信号 */
uchar code DispTab[]={0xc0,0xf9,0xa4,0xb0,0x99,
0x92,0x82,0xf8,0x80,0x90};                  /* 共阳极段码表 */
uint randvalue=0,randtmp;                   /* 定义抽奖号和随机值变量 */
uchar count;                                /* 按键次数统计值 */
sbit key=P3^2;                              /* 按键定义 */
/* 外部中断 0 初始化 */
void init()
{           EA=1;                           // 打开中断总允许
      IT0=1;                                // 设置下降沿触发
              EX0=1;                        // 打开外部中断 0
}
/*ms 延时程序 */
void mDelay(uint m)
{ uchar c;
   for(;m>0;m--)
   for(c=124;c>0;c--);
```

```
}
/* 外部中断 0 中断服务函数 */
void int_0()interrupt 0
{ EA=0;                                    // 关闭中断总允许
  key=1;                                   // P3.2 初始值置 1
  if(key==0){
    mDelay(10);                            // 消抖
    if(key==0){                            // 确认有键按下
      TR0=1;                               // 中断标志位置 1
      count++;                             // 按键次数加 1
    }
    if(count==2){                          // 按键第二次按下
      TR0=0;                               // 中断标志位清 0
      count=0;                             // 按键次数清 0
    }
  }
  EA=1;}
/* 中奖号码显示函数 */
void disp_LED()
{
  uchar j,tmp,DispBuf[4];
  DispBuf[0]=randvalue/1000;               /* 中奖号码千位 */
  DispBuf[1]=(randvalue%1000)/100;         /* 中奖号码百位 */
  DispBuf[2]=(randvalue%100)/10;           /* 中奖号码十位 */
  DispBuf[3]=randvalue%10;                 /* 中奖号码个位 */
    for(j=0;j<4;j++)                       /* 动态扫描 */
    {
          tmp=DispBuf[j];
      P0=DispTab[tmp];
      P2=BitTab[j];
      mDelay(1);
      P2=0xff;                             // 熄灭数码管，消除相互干扰
          }
}
/****************** 中奖号码产生函数 ************/
void timer0_init()
{
  TMOD=0x01;        // 定时 / 计数器相关初始化操作，定时 / 计数器 T0 被定义为工作方式
                    // 1(16 位定时 / 计数器 )
  EA=1;             // 中断总允许打开
  ET0=1;            // 定时 / 计数器 T0 启动
  TH0 = 0xc5;       // 15ms 变化一次，65535-15000+1=50536=C568H
  TL0 = 0x68;
}
void timer0()interrupt 1
{
  randtmp =rand();                         // 通过 rand() 函数产生随机值 randtmp
```

```
    if(randtmp>=0&&randtmp<10000)      // 判断 randtmp 是否在 0 ~ 10000 范围内
    randvalue=randtmp;                 // 将随机值赋给抽奖号码 randvalue
    TH0 = 0xc5;                         // 15ms 变化一次
    TL0 = 0x68;
}
/********************** 主函数 *******************/
void main()
{
    init();
    timer0()_init();
    while(1)
    disp_LED();
}
```

任务 3.5 拓展训练 生产线报警器设计

2022 年的北京冬奥会,中国向世界奉献了一届简约、安全、精彩的奥运盛会,同时又一次呈现了中华传统文化的精华。冬奥会吉祥物冰墩墩以其憨态可掬、乖巧可爱的形象,成为海内外公众关注冬奥、感知中国的新纽带。冰晶透亮的外壳套在中国国宝大熊猫上,将冬季冰雪运动特点、现代科技感和中国文化元素完美融合。中华文化、中华精神是我们文化自信的源泉。

冰墩墩外壳套的创意源自中国小吃冰糖葫芦的"冰壳"灵感,使用注塑机制作成型。请用单片机模拟注塑机的 7 道工序,中断模拟外部故障输入,并发出报警声。

根据设计需求,由 P1.0 ~ P1.6 控制 7 个 LED 的亮灭,模拟注塑机的 7 道工序,低电平有效,设定前 6 道工序只有 1 位输出,即第 1 道工序 P1.0 上的 LED 点亮,第 2 道工序 P1.1 上的 LED 点亮,第 3 ~ 6 道工序以此类推,第 7 道工序有 3 位输出,P1.4 ~ P1.6 上的三个 LED 同时点亮。P3.4 连接一个按键,为开工启动开关,低电平有效。P3.3 连接一个按键,模拟外部故障输入,低电平有效,P1.7 为报警声音输出。

生产线报警器电路如图 3-8 所示,包括由 AT89C51 单片机、时钟电路、复位电路构成的单片机最小系统,以及 LED 接口控制电路、两位独立按键接口电路、蜂鸣器控制电路,其中蜂鸣器控制电路采用一个 PNP 型晶体管对电路进行放大以驱动蜂鸣器。

生产线报警器任务对应的程序代码如下。

```
#include<reg51.h>
#define uchar  unsigned char
#define uint unsigned int
sbit  start=P3^4;          // 定义 P3.4 为启停控制位
sbit  fault=P3^3;          // 定义 P3.3 为故障输入端
sbit  beep=P1^7;           // 定义 P1.7 为报警器输出端
void delay_1ms(uint t)     // 延时函数
{
    uchar i;
    while(t--)
    for(i=0;i<120;i++);
}
```

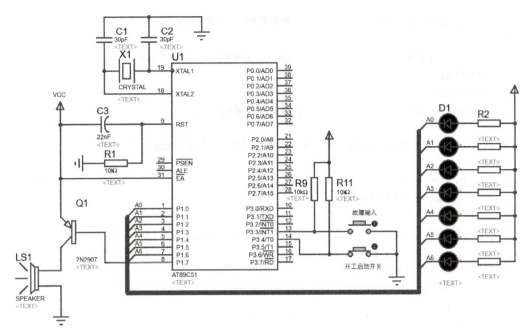

图 3-8　生产线报警器电路

```c
void delay_50us(uint t)        //50μs 软件延时函数
{
  uchar j;
  for(;t>0;t--)
    for(j=19;j>0;j--);
}
void main()
{
    uchar code LED[]={0x7e,0x7d,0x7b,0x77,0x6f,0x5f,0x0f};   //7 道工序状态
    uchar i;
    EA=1;                      // 中断总允许闭合
    EX1=1;                     // 允许外部中断 1 中断
    PX1=1;                     // 设置外部中断 1 为高优先级中断
    P1=0x7f;                   // P1 口的 LED 全灭,P1.7 接的是蜂鸣器
    while(1)
    {
      while(start==0)          // 总开关闭合
        {
          for(i=0;i<7;i++)     // 依次输出 7 道工序状态
            {
              P1=LED[i];
              delay_1ms(1000);
            }
        }
            P1=0xff;       // 当启动按键弹起时,熄灭所有 LED
    }
}
```

```
void alarm()interrupt 2          // 外部中断 1 中断服务函数
{
    uchar i,tmp;                 // tmp 用于暂存工序状态，保护现场
    tmp=P1;
    P1=0xff;
    while(fault==0)              // 当故障按键按下时
    {
     for(i=0;i<200;i++)         // 1kHz 音频信号持续 100ms
     {
       beep=!beep;
       delay_50us(10);
       }
       for(i=0;i<200;i++)       // 500Hz 音频信号持续 200ms
       {
         beep=!beep;
         delay_50us(20);
         }
       }
       P1=tmp;                  // 恢复现场
}
```

项目小结

本项目详细介绍了单片机中断系统的概念、系统结构、中断源、中断相关寄存器、中断响应、中断嵌套以及中断的具体应用实例。

AT89C51 有 5 个中断源，分为 2 个外部中断源和 3 个内部中断源，5 个中断源分别对应 5 个固定的中断入口地址。中断源是否有中断请求由中断请求标志来表示，中断请求标志分别由寄存器 TCON 和 SCON 的相应位锁存。中断允许控制寄存器 IE 和中断优先级控制寄存器 IP 分别控制中断源的允许和优先级。

任务 3.1 为外部中断的简单实例，用外部中断请求控制 LED 闪烁，练习中断初始化程序和中断服务程序的编写。任务 3.2 为外部中断的复杂实例，按键控制中断请求，并将中断计数显示在数码管上，加入了按键延时消抖的程序设计。任务 3.3 为中断嵌套实例，使用两级优先级控制，实现中断服务程序的嵌套。任务 3.4 为数码管显示抽奖器设计，介绍了定时 / 计数器溢出中断的应用。任务 3.5 拓展训练为生产线报警器设计，直观地展示单片机中断系统在控制方面的应用。本项目中的任务均采用硬件电路仿真设计加软件设计，通过观察仿真结果掌握中断系统的工作原理以及如何编写中断服务程序。

课后练习

一、单选题

1. 单片机进入掉电模式后，仍可以继续工作的外设为（　　）。

A. 定时 / 计数器　　　　　　　　　　B. 串行口

C. A/D 转换器　　　　　　　　　　　D. 外部中断

2. 单片机串行口的发送中断标志位（TI）在寄存器（　　）中。

A. SCON

B. TCON

C. PCON

D. TMOD

3. 在中断服务程序中，应至少有一条（　　）。

A. 加法指令

B. 传送指令

C. 转移指令

D. 中断指令

4. 在单片机默认的优先级顺序中，以下哪个查询优先级最低？（　　）

A. 定时 / 计数器 0

B. 定时 / 计数器 1

C. 外部中断 0

D. 外部中断 1

5. 下列哪条语句能够打开单片机串行口中断？（　　）

A. ES=1

B. ES=0

C. IT0=0

D. IT0=1

6. 在单片机默认的优先级顺序中，查询优先级最高的是（　　）。

A. 定时 / 计数器 0

B. 定时 / 计数器 1

C. 外部中断 0

D. 外部中断 1

二、多选题

1. 为保证单片机定时 / 计数器 1 中断服务能够执行，需要执行哪些语句？（　　）

A. ET1=1；

B. IE1=1；

C. TF1=1；

D. EA=1；

2. 单片机的 P1.0 口具有下列哪些功能？（　　）

A. 通用 I/O 口

B. A/D 转换器输入通道

C. D/A 转换器输出通道

D. 外部中断

3. 单片机响应中断的必要条件是（　　）。

A. 相关中断标志位为 1

B. IE 内的有关中断允许位置 1

C. IP 内的有关位置 1

D. 当前一条指令执行完

三、问答题

1. 简述单片机中断过程。

2. 单片机内部的定时 / 计数器的控制寄存器有哪些？各有何作用？

3. 响应中断需要满足哪些条件？

项目 4　简易秒表设计

项目导读

生活中常见的定时有很多，如电视机定时关机、空调定时开关、微波炉定时加热等。单片机中的定时/计数器除了可以作为计数器使用外，还可以用作时钟，只要计数脉冲的间隔相等，计数值就代表了时间的流逝。本项目将通过单片机定时/计数器的定时/计数功能实现简易秒表的计时效果，并用液晶 LCD1602 显示计时时间。这种基于单片机定时/计数器的简易秒表结构简单，使用方便。

项目目标

知识目标	1. 了解单片机定时/计数器的结构及其工作原理 2. 掌握单片机定时/计数器的控制方式
技能目标	1. 掌握利用单片机定时/计数器产生方波信号的方法 2. 掌握单片机驱动液晶显示模块的方法 3. 掌握通过单片机定时/计数器的定时/计数功能实现简易秒表的方法
素养目标	1. 培养爱岗敬业、严谨细致、精益求精的工匠精神 2. 培养理想信念坚定的家国情怀，培养勇于探索敢于创新的思想意识和良好的团队合作精神 3. 培养良好的职业操作素养

任务 4.1　基于单片机定时/计数器的 LED 控制系统设计

广告在宣传产品提高品牌竞争力方面发挥着越来越重要的作用。作为一种主要的广告手段，LED 广告屏得到了广泛的发展和应用。本任务将设计如下形式的 LED：由单片机 P1 口输出控制 8 个 LED 的亮灭，逐个点亮 2s 后熄灭，然后间隔闪烁 3 次，循环上述过程。

4.1.1　单片机定时/计数器的结构与功能

定时/计数器是单片机系统的一个重要部件，它既可以硬件定时，又可以通过软件编程来确定定时时间、定时值及其范围。所以可编程定时/计数器功能较强，使用灵活。AT89C51 单片机内部有两个 16 位的定时/计数器。它们都有定时和计数的功能，

4.1 单片机
定时器结构

当定时时间到达或计数值已满时有相应的输出信号，该信号可向 CPU 提出中断请求以便实现定时或计数控制。实际应用中可用来实现定时控制、延时、频率测量、脉宽测量、信号发生、信号检测等。此外，定时/计数器还可作为串行通信中的比特率发生器。

　　AT89C51 单片机内部内设两个 16 位可编程定时／计数器 T0 和 T1，其逻辑结构如图 4-1 所示。

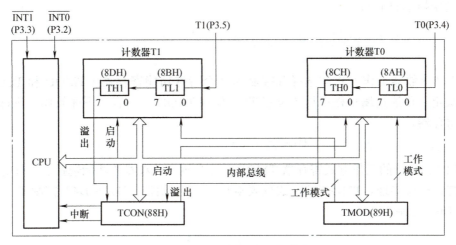

图 4-1　定时／计数器的逻辑结构

　　由图 4-1 可知，AT89C51 单片机定时／计数器由计数器 T0、计数器 T1、工作方式寄存器 TMOD 和控制寄存器 TCON 四部分组成。

　　T0 和 T1 都是独立的 16 位加法计数器，分别由两个 8 位寄存器组成。T0 由 TL0 和 TH0 组成，T1 由 TL1 和 TH1 组成。计数器的位数确定了计数器的最大计数次数 M，n 位计数器的最大计数次数 $M=2^n$。例如，16 位计数器的最大计数次数 $M=65536$。

　　工作方式寄存器 TMOD 用于设置定时／计数器的工作方式。每个定时／计数器都可由软件设置 TMOD 的值使其工作于定时器模式或计数器模式。两种模式下，又可单独设定方式 0、方式 1、方式 2、方式 3 四种工作方式。

　　控制寄存器 TCON 用于控制定时／计数器的启动与停止。定时／计数器的实质是一个二进制的加 1 寄存器，启动后就开始从设定的计数初始值进行加 1 计数，寄存器计满回 0 时能够自动产生溢出中断请求。但是定时与计数两种模式下的计数方式不同。

1. 定时功能

　　计数器的加 1 信号由振荡器的 12 分频信号产生，每过 1 个机器周期，计数器加 1，直至计满溢出，即对机器周期数进行统计。因此计数器每加 1 就代表 1 个机器周期的时间长短。

　　定时器的定时时间与系统的时钟频率有关。因为 1 个机器周期等于 12 个时钟周期，所以计数频率为系统时钟频率的 1/12（即机器周期）。例如，晶振频率为 12MHz，即机器周期为 1μs。通过改变定时／计数器的定时初值，并适当选择定时／计数器的长度（8 位、13 位、16 位），可以调整定时时间长短。

2. 计数功能

　　计数就是对来自单片机外部的事件进行计数，为了与请求中断的外部事件区分开，称这种外部事件为外部计数事件。外部计数事件由脉冲引入，单片机的引脚 P3.4（T0）和 P3.5（T1）为外部计数脉冲输入端。也就是说，计数是对外部的有效计数脉冲进行计数。

　　外部的有效计数脉冲指的是：单片机在每个机器周期对 P3.4（T0）进行采样，若在一个机器周期采样到高电平，在连续的下一个机器周期采样到低电平，即得到一个有效的计数脉冲，则计数器在下一个机器周期自动加 1。为了确保给定电平在变化前至少被采样一次，外部计数脉冲的高电平与低电平保持时间均需在 1 个机器周期以上。也就是说，单片机想要识别 1 个计数脉冲，至少需要 2 个机器周期的时间；因此外部计数脉冲的频率不能高于晶振频率的 1/24。

4.1.2 单片机定时 / 计数器寄存器

定时 / 计数器工作方式的选择和控制由两个特殊功能寄存器（TMOD 和 TCON）的内容来决定，可通过编写程序指令设定 TMOD 和 TCON 的内容。下面具体讨论这两个特殊功能寄存器。

1. 定时 / 计数器的工作方式寄存器 TMOD

定时 / 计数器的工作方式寄存器 TMOD 用于定时 / 计数器的功能选择、工作方式设置等，不能进行位寻址。TMOD 的格式见表 4-1，其中高四位（D7 ~ D4）控制 T1，低四位（D3 ~ D0）控制 T0。

表 4-1 TMOD 的格式

定时 / 计数器	T1				T0			
位	D7	D6	D5	D4	D3	D2	D1	D0
位名称	GATE	$C/\overline{T}$	M1	M0	GATE	$C/\overline{T}$	M1	M0

TMOD 各位的作用如下。

1) GATE：门控位。当 GATE=0 时，由 TCON 运行控制位 TR0（TR1）启动定时器。当 GATE=1 时，由 TCON 中的 TR0（TR1）和外部中断请求信号输入端（$\overline{INT0}$ 或 $\overline{INT1}$）共同启动定时器，即仅当 TCON 中的 TR0（TR1）置 1 且外部中断请求信号输入端（$\overline{INT0}$ 或 $\overline{INT1}$）输入高电平时，才能启动定时 / 计数器 T0（定时 / 计数器 T1）工作。一般使用时设置 GATE=0 即可。

2) $C/\overline{T}$：模式选择控制位。$C/\overline{T}$=0 时为定时器模式，$C/\overline{T}$=1 时为计数器模式。

3) M1 和 M0：工作方式控制位。M1M0 两位形成 4 种编码组合，对应 4 种工作方式。具体见表 4-2。

表 4-2 定时 / 计数器工作方式选择

M1	M0	工作方式	功能描述
0	0	方式 0	13 位计数器
0	1	方式 1	16 位计数器
1	0	方式 2	自动重装初值 8 位计数器
1	1	方式 3	定时 / 计数器 0：分为两个独立的 8 位计数器 定时 / 计数器 1：无中断的计数器

【例 4-1】 T1 用作定时器，工作于方式 1，试计算 TMOD 的控制字。

分析：因为只使用 T1，所以 TMOD 的低 4 位全部置 0。高 4 位中 GATE 没有要求也置 0；因为用作定时器，所以 $C/\overline{T}$ 置 0；因为工作于方式 1，所以 M1 置 0，M0 置 1。将上述各值填于 TMOD 各位中，则该寄存器的控制字组成的二进制数值为 00010000，转换为十六进制数为 10。

2. 定时 / 计数器的控制寄存器 TCON

定时 / 计数器的控制寄存器 TCON（地址为 88H）的作用是控制定时器的启动、停止，可进行位寻址。TCON 的格式见表 4-3。

表 4-3　TCON 的格式

位	D7	D6	D5	D4	D3	D2	D1	D0
位地址	8FH	8EH	8DH	8CH	8BH	8AH	89H	88H
位名称	TF1	TR1	TF0	TR0	TE1	IT1	IE0	IT0

TCON 的各位作用如下。

1）TF1 和 TF0：T1 和 T0 的计数溢出标志位。当计数器计数溢出时，该位置 1。在中断方式中，此位作中断请求标志位，转向中断服务程序时由硬件自动清 0。在查询方式中，也可以由程序查询和清 0。

2）TR1 和 TR0：T1 和 T0 的运行控制位。TR0=0，T0 停止工作。TR0=1，T0 开始工作。TR1 与 TR0 功能相似。TR1 和 TR0 由软件置位和复位。

TCON 的低四位用于控制外部中断，与定时 / 计数器无关，具体参考项目 3。单片机复位时，TCON 所有位都清 0。

4.1.3　单片机定时 / 计数器的初始化

定时 / 计数器可用软件随时启动或关闭，启动时它自动加 1，直至计满，即计数器的值全为 1，溢出后计数器的值从全 1 变为全 0，同时将计数器计数溢出标志位置 1，并向 CPU 发出溢出中断申请。对于不同工作方式，最长定时时间（定时器模值）和最大计数次数（计数器模值）有所不同。

1. 计数器初值的计算

作为计数器使用时，将计数器从计数初值开始作加 1 计数到计满所需的计数值设定为 C，计数初值设定为 N，N 的计算公式为 $N=M-C$，式中，M 为计数器模值，该值和计数器工作方式有关。方式 0 时，$M=2^{13}=8192$。方式 1 时，$M=2^{16}=65536$。方式 2 和方式 3 时，$M=2^{8}=256$。

计算初值时会遇到如下两种情况。

1）计算计数次数比计数器模值小时的初值。解决这个问题只要赋予一个非零初值即可。开启计数器时，计数器不从 0 开始，而是从初值开始，这样就可以得到比计数器模值小的计数次数。

2）计算计数次数比计数器模值大时的初值。解决这个问题要用多次循环的方法。例如，要求计到 10000 个数停止的初值，计数值可以用计数器产生 5000 的计数，循环两次即可，也可以用其他的组合，或者采用中断来实现。

【例 4-2】　有一个产品打包机，将每 50 个产品打为一包，使用计数器时，试计算计数器的初值。

解法 1：本题求解的是计数次数比计数器模值小时的初值。用方式 0 时，$M=8192$，$C=50$，因此 $N=8192-50=8142$。将 8142 转化为二进制数为 1111111001110。定时 / 计数器工作于方式 0 时是 13 位计数器，其中高字节 8 位，低字节 5 位，故 TH0 写入 11111110，

TL0 高 3 位置 0，低 5 位写入 01110，即为 00001110。转为十六进制，即 TH0 写入 FE，TL0 写入 0E。

解法 2： 用方式 1 时，$M=65536$，$C=50$，因此 $N=65536-50=65486$。将 65486 直接转化为十六进制数为 FFCE，即 TH0 写入 FF，TL0 写入 CE。

解法 3： 用方式 2 时，$M=256$，$C=50$，因此 $N=256-50=206$。将 206 直接转化为十六进制数为 CE。由于方式 2 把 TL0 配置成了一个自动重装初值的 8 位计数器，因此将 TL0 写入 CE。

【例 4-3】 有一台机器，每工作 10 万次停机检修。当使用计数器时，试计算计数器的初值。

解： 本题求解的是计数次数比计数器模值大时的初值。解决此问题可用循环方法，用计数器产生 50000 的计数，循环两次即可。此时计数初值 $N=M-C=65536-50000=15536$，转化为十六进制数为 3CB0。

2. 定时器初值的计算

在定时模式下，定时时间即从计数初值计至计数器模值所需要的时间。因此可得到定时时间的计算公式为 $T=(M-N)T_{机}$，式中，M 为计数器模值，N 为计数初值，$T_{机}$ 为机器周期。因此定时器初值可通过公式 $N=M-T/T_{机}$ 计算得到。

单片机机器频率为系统时钟频率 f_{osc} 的 1/12，因此机器周期 $T_{机}=12/f_{osc}$。例如，晶振频率为 12MHz，即机器周期为 1μs。

定时器初值的计算类似于计数器初值的计算，也会出现两种情况，即定时时间小于定时器最小定时时间或者大于定时器最大定时时间。根据定时器的定时原理即可得知，定时时间取决于计数器的计数次数。因此解决方案与计数器初值的解决方案类似。当定时时间小于定时器最小定时时间时，只需将定时器从适当的非零初值开始计数即可；当定时时间大于定时器最大定时时间时，仍旧采用多次循环的方法。

【例 4-4】 如果单片机时钟频率 f_{osc} 为 12MHz，计算定时 2ms 所需的定时器初值。

分析： 由于单片机时钟频率 f_{osc} 为 12MHz，机器周期为 1μs，因此方式 0 的最大定时时间为 8.192ms，方式 1 的最大定时时间为 65.536ms，方式 2 和方式 3 的最大定时时间为 0.256ms。因此想要获得 2ms 定时时间，可采用方式 0 或者方式 1。

解法 1： 用 T0 作为定时器，选择方式 0。

定时器初值为 $N=8192-2ms/1μs=6192$。参照例 4-2 中的方法，可得到定时器初值应为 C110。即 TH0 写入 C1H，TL0 写入 10H。

解法 2： 用 T0 作为定时器，选择方式 1。

定时器初值为 $N=65536-2ms/1μs=63536$，直接转换为十六进制数为 F830。TH0 写入 F8，TL0 写入 30H。

可见用方式 1 时计算定时器初值比较容易。

3. 单片机定时 / 计数器的初始化

AT89C51 单片机内部定时 / 计数器是可编程序的，其工作方式和工作过程均可由单片机通过程序进行设定和控制。因此 AT89C51 单片机在进行定时或计数之前要对程序进行初始化，具体步骤如下。

1）根据设计要求对工作方式寄存器 TMOD 赋值，以确定定时 / 计数器的工作方式。

2）设置定时 / 计数器初值，直接将初值写入寄存器的 TH0、TL0 或 TH1、TL1 中。

3）根据需要，对中断允许控制寄存器 IE 置初值，开放定时 / 计数器中断。

4）给中断优先级控制寄存器 IP 置初值，设置中断优先级。这一步也可以不设置，使用默认的优先级。

5）对定时 / 计数器的控制寄存器 TCON 中的 TR0 或 TR1 置位，启动定时 / 计数器，置位以后，定时 / 计数器即按规定的工作方式和初值进行计数或开始定时。

【例 4-5】　使用单片机定时 / 计数器 T1，工作于方式 1，软件启动，定时 50ms，使用中断方式，请给出相关寄存器的初始化代码。

分析：

1）确定工作方式：TMOD 的低 4 位置全 0，高 4 位设置为 0001，因此 TMOD=10H。

2）确定初值：定时 50ms，定时器初值 $N=65536-50ms/1\mu s=65536-50000=15536$，转换为十六进制数 3CB0。也可以直接利用如下语句：

```
TH1=(65536-50000)/256
TL1=(65536-50000)%256
```

3）开放相关中断：ET1=1，EA=1。

4）设置中断优先级：设置定时 / 计数器 T1 中断为高优先级，PT1=1。也可以不设置，使用默认的优先级。

5）启动定时 / 计数器 T1：TR1=1。

根据以上分析写出定时 / 计数器 T1 初始化函数，命名为 timer1_init（），程序代码如下。

```
void timer1_init(void)
{
  TMOD=0x10;
  TH1=(65536-50000)/256;
  TL1=(65536-50000)%256;
  ET1=1;
  EA=1;
  PT1=1;
  TR1=1;
}
```

4.1.4　单片机定时 / 计数器的工作方式

定时 / 计数器 T0 和 T1 通过 C/$\overline{\text{T}}$ 可设置成定时或者计数两种工作模式。在每种模式下，通过对 M1M0 的设置又有 4 种不同的工作方式，T0 和 T1 在方式 0、方式 1、方式 2 下的工作方式相同，只有在方式 3 下工作时，两者情况不同。

下面详细介绍 4 种工作方式下的定时 / 计数器逻辑结构及工作情况。

4.3 定时器方式 0 的基本使用

1. 方式 0

当工作方式寄存器 TMOD 中 M1M0 为 00 时，定时 / 计数器工作于方式 0，为 13 位计数器，它由 TL0（TL1）的低 5 位和 TH0（TH1）的 8 位构成，此时 TL0（TL1）的高 3 位未用。以 T0 为例，工作在方式 0 下的逻辑结构如图 4-2 所示。

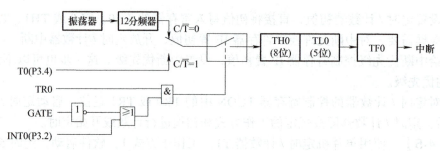

图 4-2　T0 工作在方式 0 下的逻辑结构

（1）C/T̄ 决定工作模式

当 C/T̄=0 时，为定时工作模式，开关接到振荡器的 12 分频器输出上，计数器对机器周期脉冲进行计数。定时时间为 $(2^{13}-$ 初值)× 振荡周期 ×12。

当 C/T̄=1 时，为计数工作模式，开关与外部引脚 P3.5（T1）接通，计数器对来自外部引脚的输入脉冲进行计数，当外部信号发生负跳变时计数器加 1。

（2）GATE 决定启动方式

当 GATE=0 时，或门输出始终为 1，与门被打开，定时 / 计数器不受 INT0 输入电平的影响，由 TR0 控制定时 / 计数器的启动和停止。TR0=1，计数启动；TR0=0，计数停止。

定时 / 计数器 T0 工作在方式 0 下的工作过程如下。

1）软件使 TR0 置 1，接通控制开关，启动定时 / 计数器 T0，为 13 位计数器，在定时初值或计数初值的基础上，进行加 1 计数。

2）软件使 TR0 清 0，关断控制开关，停止定时 / 计数器 T0，加 1 计数器停止计数。

3）当计数溢出时，13 位计数器为 0，TF0 由硬件自动置 1，并申请中断，同时 13 位计数器继续从 0 开始计数。

因此可通过查询 TF1 是否置 1 或根据中断是否发生来判断定时 / 计数器 T1 的操作完成与否。

当 GATE=1 时，与门的输出电平由 INT0 输入电平和 TR0 位的状态一起决定，当且仅当 TR0=1 且 INT0=1 时，计数启动；否则，计数停止。

【例 4-6】　从单片机 P1.1 口输出周期为 2ms 的方波，要求定时 / 计数器通过软件启动，工作方式为方式 0。

分析：用 P1.1 作方波输出信号，输出周期为 2ms 的方波。可用每 1ms 改变一次电平的方法完成，故定时时间可设置为 1ms。可做加 1 运算 1000 次，使 T0 工作在方式 0。因此定时初值 $N=M-C=2^{13}-1000=7192$，转换为二进制数为 1110000011000，因此 TH0=11100000B=E0H，TL0=00011000B=18H。

相关程序代码如下。

```
#include<reg51.h>               // 引入头文件
sbit  P1_1=P1^1;               // P1.1 引脚定义成 P1_1 变量
void timer0(void)interrupt 1   // 定时 / 计数器 T0 中断服务程序
{
    TH0=0xE0;
    TL0=0x18;                  // 装入时间常数
    P1_1=!P1_1;                // P1.1 取反，形成高低电平交替的方波
}
```

```
void main(void)
{
    TMOD=0x00;                       // 定时 / 计数器 T0 工作在方式 0
    TH0=0xE0;
    TL0=0x18;                        // 装入时间常数
    TR0=1;                           // 启动定时 / 计数器
    TF0=0;
    EA=1;                            // 开中断总允许
    ET0=1;                           // 开定时 / 计数器 0 中断
    while(1);                        // 主程序死循环，空等待
}
```

需要注意的是，定时 / 计数器工作在方式 0 时是 13 位计数器，计数初值的存放一定要注意，低 8 位寄存器只有低 5 位有效，高 3 位是没有使用的。

小技巧：确定初值时，可以用"TH0=（2^{13}－计数次数）/32；"和"TL0=（2^{13}－计数次数）%32；"语句，其中计数次数＝定时时间 /（振荡周期 × 12）。

2. 方式 1

当工作方式寄存器 TMOD 中 M1M0 为 01 时，定时 / 计数器工作于方式 1。以 T0 为例，工作在方式 1 下的逻辑结构如图 4-3 所示。

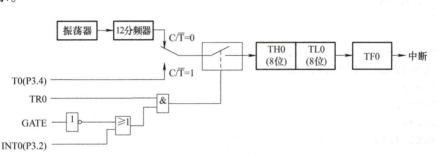

图 4-3　T0 工作在方式 1 下的逻辑结构

定时 / 计数器工作在方式 1 时是一个由 TH0 中的 8 位和 TL0 中的 8 位组成的 16 位计数器。方式 1 与方式 0 基本相似，区别仅在于计数位数不同。

【例 4-7】　从单片机 P1.1 口输出周期为 10ms 的方波。

分析：用 P1.1 作为方波输出信号，输出周期为 10ms 的方波。可用每 5ms 改变一次电平的方法完成，故定时时间可设置为 5ms。可做加 1 运算 5000 次，使 T0 工作在方式 1，即 16 位计数器。根据例 4-6 的经验，可推知 TH0=（65536－5000）/256=ECH，TL0=（65536－5000）%256=78H。

查询方式的程序代码如下。

```
#include <reg51.h>
sbit P1_1=P1^1;
void main(void)
{
    TMOD=0x01;                       // 定时 / 计数器 T0 工作在方式 1
    TR0=1;
```

```
for(;;)
{
    TH0=(65536-5000)/256;        // 置计数初值
    TL0=(65536-5000)%256;
    while(!TF0);                 // 查询等待 TF0 复位
    P1_1=!P1_1;                  // 定时时间到 ,P1.0 反相
    TF0=0;                       // 软件清 TF0
}
}
```

中断方式的程序代码如下。

```
#include <reg51.h>
sbit P1_1=P1^1;
//-------------------// 定时 / 计数器 T0 中断服务程序 ------------
void timer0(void)interrupt 1
{
    P1_1=!P1_1;                  // P1.0 取反
    TH0=(65536-5000)/256;        // 计数初值重装载
    TL0=(65536-5000)%256;
}
//------------------- 主函数 -------------------------------------
void main(void)
{   TMOD=0x01;
    P1_1=0;
    TH0=(65536-5000)/256;        // 预置初值
    TL0=(65536-5000)%256;
    EA=1;
    ET0=1;
    TR0=1;
    while(1);
}
```

通过例 4-7 不难看出，通过定时 / 计数器实现定时，有两种方法：查询方式和中断方式。两种不同方式的区别在于确定采用何种方式处理溢出结果。查询方式采用条件判断语句判断溢出标志 TFX 的值，中断方式通过中断初始化设置和中断服务程序。只用查询方式时要注意，每当查询到 TF0=1 时，必须用指令对其清 0。

同时应该注意的是，方式 0 和方式 1 的最大特点是计数器从初值开始，自动加 1 计数到溢出后，计数器翻转成全 0。所以在循环定时或计数应用中，查询到溢出标志位变为 1，在进行下一次计数前，必须再次赋初值。这个特点会影响定时精度。

4.5 定时器方式 2 的基本使用

3. 方式 2

当工作方式寄存器 TMOD 中 M1M0 为 10 时，定时 / 计数器工作于方式 2。定时 / 计数器工作在方式 2 时是一个能自动装入初值的 8 位计数器。TH0 中的 8 位用于存放定时初值或计数初值，TL0 中的 8 位用于加 1 计数。以 T0 为例，工作在方式 2 下的逻辑结构如图 4-4 所示。

加 1 计数器溢出后，硬件使 TF0 自动置 1，同时自动将 TH0 中存放的定时初值或计数初值再装入 TL0，继续计数。

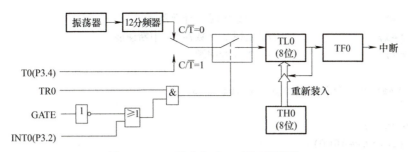

图 4-4   T0 工作在方式 2 下的逻辑结构

定时 / 计数器工作在方式 2 时是 8 位计数器，若单片机晶振频率为 12MHz，则方式 2 一次溢出最大的定时时间为 $(2^8-$ 初值 $)\times$ 振荡周期 $\times 12=(2^8-0)\times(1/12)\times 12\mu s=256\mu s$。方式 2 具有初值自动装入的功能，要进行新一轮的计数，无须重新装入计数初值。由于节省了重装初值时间，循环定时或计数应用时定时时间更加准确。

【例 4-8】   假定系统晶振频率为 12MHz，采用 T1 定时，工作在方式 2 实现 1s 延时。

分析：T1 工作在方式 2 时是 8 位计数器，其最大定时时间为 $256\times 1\mu s$，为实现 1s 延时，可选择定时时间为 $250\mu s$，再循环 4000 次。定时时间选定后，可确定计数值为 250，则 T1 的初值为 $N=M-$ 计数值 $=256-250=6H$，采用方式 2，则 TMOD=20H。

查询方式的程序代码如下。

```
#include <reg51.h>
sbit P1_1=P1^1;
void main(void)
{
    unsigned int i;
    TMOD=0x20;                // 定时 / 计数器 T1 工作在方式 2
    TH1=06H;                  // 置计数初值
    TL1=06H;                  // 初值缓冲器也需要赋初值
    for(i=0;i<4000;i++)       // 设置循环次数为 4000 次
    {
    TR1=1;                    // 启动 T1
    While(!TF1);              // 查询计数是否溢出，即定时 250μs 时间到，TF1=1
    TF1=0;                    // 250μs 定时时间到，将溢出标志位 TF1 清 0
    }
}
```

中断方式的程序代码如下

```
#include<reg51.h>
#define uchar unsigned char
#define uint  unsigned int
sbit LED=P1^1;
uint count=0;
void timer1_init()           // 使用定时 / 计数器 T1
{
    TMOD=0x20;
    TH1=0x06;
    TL1=0x06;
```

```
    TR1=1;                  // 启动定时 / 计数器 T1
    ET1=1;                  // 定时 / 计数器 T1 中断使能
    EA=1;                   // CPU 开中断
}
void timer(void)interrupt 3 using 0
{
    count++;
    if(count==4000){
    count=0;
    LED= ~ LED;
    }

}
void main(){
    timer1_init();
    while(1)
  {;}
}
```

4. 方式 3

当工作方式寄存器 TMOD 中 M1M0 为 11 时，定时 / 计数器工作于方式 3。定时 / 计数器工作在方式 3 时分为两个独立的 8 位计数器 TH0 和 TL0。TL0 既可用于定时，又可用于计数；TH0 只能用于定时。以 T0 为例，工作在方式 3 下的逻辑结构如图 4-5 所示。

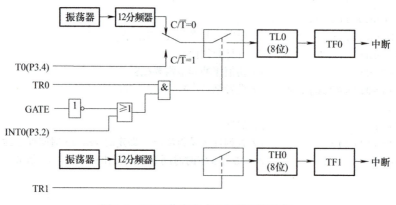

图 4-5　T0 工作在方式 3 下的逻辑结构

加 1 计数器 TL0 占用了 T0 除 TH0 外的全部资源，原 T0 的控制位和信号引脚的控制功能与方式 0、方式 1 相同；与方式 2 相比，只是不能自动将定时初值或计数初值再装入 TL0，而必须用程序完成。加 1 计数器 TH0 只能用于简单的内部定时功能，它占用了原 T1 的控制位 TR1 和 TF1，同时占用了 T1 中断源。

T1 不能工作在方式 3 下，因为当 T0 工作在方式 3 下时，T1 的控制位 TR1、TF1 和中断源被 T0 占用；T1 可工作在方式 0、方式 1、方式 2 下，其输出直接送入串行口。设置好 T1 的工作方式，T1 就自动开始计数。若要停止计数，则可将 T1 设置为方式 3。T1 常用作串行口比特率发生器，以方式 2 工作会使程序简单一些。

4.6 定时器较长定时的实现

但是在实际应用中，往往需要定时 / 计数器实现比较长时间的定时。

例如，以单片机晶振频率 f_{osc}=12MHz 为例，定时 / 计数器 4 种工作方式下最大定时时间如下

1）方式 0：最大定时时间 = 最大计数值 × 机器周期 =8192 × 1μs=8192μs。

2）方式 1：最大定时时间 = 最大计数值 × 机器周期 =65536 × 1μs=65536μs=65.536ms。

3）方式 2 和方式 3：最大定时时间 = 最大计数值 × 机器周期 =256 × 1μs=256μs。

如果要求定时 1s，那么上面任何一种工作方式都不满足定时要求。我们应该如何实现 1s 定时呢？

可以利用软件计数器实现。选定定时 / 计数器工作于方式 1，定时 50ms，再设置一个软件计数器 count，每隔 50ms 定时时间到就加 1，加够 20 次，就意味着 1s 的定时时间到了。其他任意定时，都可以通过此方法实现。其实质是计数次数大于计数模值时所使用的循环计数的方法。

下面来完成以下任务：使用定时 / 计数器 T0 的中断来控制引脚 P1.0 的 LED 闪烁，要求闪烁周期为 2s，即亮 1s，灭 1s。

分析：定时 / 计数器工作于方式 1 时，其最大可计数脉冲次数为 65536，对于 12MHz 的时钟频率，其最大定时时间为 65.536ms。若设定定时时间为 50ms，同时设置一个变量作为定时 / 计数器 T0 中断次数，即每产生一次 50ms 定时中断，该变量自加 1，当该变量自加 20 次时，就意味着 1s 的计时时间到了。程序代码如下。

```
#include<reg51.h>
#define uchar unsigned char
#define uint unsingned int
uchar  count=0;
sbit   LED=P1^0;
void timer0_init(){
    TMOD=0x01;
    TH0=(65536-50000)/256;
    TL0=(65536-50000)%256;
    TR0=1;                  // 启动定时 / 计数器 T0
    ET0=1;                  // 定时 / 计数器 T0 中断使能
    EA=1;                   // CPU 开中断
}
 void timer(void)interrupt 1 using 0
{
    count++;
    if(count==20)
      {count=0;
      LED= ~ LED;}
    TH0=(65536-50000)/256;   // 重装初值
      TL0=(65536-50000)%256;
 }
void main()
{
  timer0_init();
  while(1)
{;}
}
```

这种方法又称为软件计数。其他任意较长的定时时间，均可以采用这种方法实现。

4.1.5 LED 控制系统硬件设计

任务要求：由 P1 口输出控制 8 个 LED 的亮灭，首先从 D1 开始，8 个 LED 循环点亮一次，即 D1 点亮 1s 后熄灭，D2 点亮 1s 后熄灭……D8 点亮 1s 后熄灭；然后间隔闪烁 3 次，即 D1、D3、D5、D7 点亮 1s 后熄灭，D2、D4、D6、D8 点亮 1s 后熄灭，重复 3 次；循环上述过程。晶振采用 6MHz。

LED 控制系统电路如图 4-6 所示。根据设计要求，LED 控制系统电路由单片机最小系统和 8 个 LED 电路组成。8 个 LED 采用共阳极接法，LED 的阳极通过 220Ω 限流电阻后连接到 5V 电源上。P1 口接 LED 的阴极，P1 口的引脚输出低电平时对应的 LED 点亮，输出高电平时对应的 LED 熄灭。

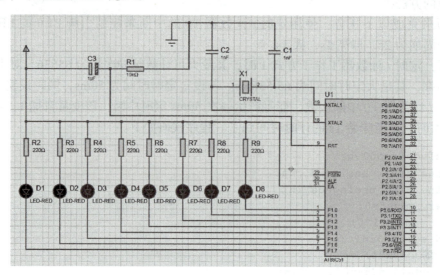

图 4-6　LED 控制系统电路

4.1.6 LED 控制系统软件设计

本次任务的 LED 控制系统设计中，灯的点亮时间间隔为 1s，因此在软件设计中采用了软件计数器（设置软件计数 10 次，每次 100ms）实现 1s 定时。以下代码供读者参考。

```
#include <reg51.h>
unsigned char i10,i8,i6;
unsigned char mod1,mod2;
bit F;
void main(void);
{
i10=10;                      //设置软件计数 10 次，每次 100ms
i8=8;                        //设置循环点亮阶段输出次数
i6=6;                        //设置间隔闪烁阶段输出次数
mod1=0x01;                   //设置循环点亮阶段控制码初值
mod2=0xaa;                   //设置闪烁阶段控制码初值
F=0;                         //设置循环点亮阶段标志,F=0 为循环点亮阶段
```

```
TMOD=0x10;                          // 设置 T1 工作在方式 1 定时
TH1=0x3c;                           // 送 100ms 定时初值
TL1=0xb0;
IE=0x88;                            // 允许 T1 中断
TR1=1;                              // 启动 T1 定时
while(1);                           // 等待中断
}
void timer(void)interrupt 3 using 1
{
TH1=0x3c;                           // 100ms 到，重装定时初值
TL1=0xb0;
i10--;
if(i10==0)
{
  i10=10;                           // 1s 到，重设软件计数器
  if(F==0)
  {
  P1= ~ mod1;                       // 循环点亮阶段控制码取反后送 P1 口
  mod1=mod1<<1;                     // mod1 的值左移一位
  i8--;
  if(i8==0)
  {
  i8=8;                             // 重设循环点亮阶段输出次数
  F=1;                              // 设置间隔闪烁阶段标志
  mod1=0x01;
  }
}
    else
    {
    P1=mod2;                        // 输出间隔闪烁阶段控制码
    mod2= ~ mod2;                   // 控制码取反
    i6--;
    if(i6==0)
    {
    i6=6;                           // 完成重设间隔阶段输出次数
    F=0;                            // 设置循环点亮阶段标志
    }
  }
}
}
```

任务 4.2　简易秒表的设计

电子秒表是一种常用的测试仪器，具有显示直观、读取方便、精度高、功能多等优点，在日常生活中的应用较为广泛。利用单片机的定时/计数器实现分、秒定时，结合按键和显示部件，很容易实现电子秒表设计。

本任务介绍一种采用单片机驱动液晶显示模块 LCD1602 实现的简易电子秒表，力求

结构简单、精度高，具体设计要求如下。

1）采用 LCD1602 液晶显示模块显示时间，要求从左到右依次显示分的十位、分的个位、秒的十位、秒的个位、秒的十分位，格式为"XX：XX：X"，即可显示时间范围为 0 ～ 59min59.9s。

2）利用按键控制液晶屏的显示，实现简易秒表的启动、停止与复位。

4.2.1 液晶显示简介

液晶显示器（LCD）已成为很多智能电子产品和家用电子产品的显示器件，在智能仪表、计算器、万用表、电子表等电子产品中都可以看到，显示的主要是数字、专用符号和图形。在智能电子产品的人机交互界面中，一般的输出方式有 LED、数码管、液晶显示模块等。LED、数码管比较常用，软硬件都比较简单，在前面的项目中已经介绍过，本章重点介绍字符型液晶显示器的应用。

1. 液晶显示的原理

液晶显示的原理是利用液晶的物理特性，通过电压对其显示区域进行控制，有电就有显示，这样就可以显示图形。液晶显示器具有厚度薄、适用于大规模集成电路直接驱动、易于实现全彩色显示的特点，目前已经被广泛应用于便携式计算机、数字摄像机、PDA（便携式数据终端）等众多领域。

2. 液晶显示器的特点

1）显示质量高。液晶显示器的每一个点在收到信号后，就一直保持色彩和亮度，恒定发光，显示的画质高且不会闪烁。

2）数字式接口。液晶显示器都是数字式的，与单片机接口连接更加简单可靠，操作更加方便。

3）体积小、重量轻。液晶显示通过显示屏上的电极来控制液晶分子状态，达到显示的目的，在重量上比相同显示面积的传统显示器要轻得多。

4）功耗低。相对而言，液晶显示器的功耗主要消耗在其内部电极和驱动集成电路上，因而耗电量比其他显示器要少得多。

3. 液晶显示器的分类

液晶显示器的分类方法有很多种，通常可按其显示方式分为段式、字符式、点阵式等。除了黑白显示器外，液晶显示器还有多灰度显示、彩色显示等。根据驱动方式，液晶显示器可以分为静态（Static）驱动、单纯矩阵（Simple Matrix）驱动和主动矩阵（Active Matrix）驱动三种。

4. 液晶显示器各种图形的显示原理

（1）线段的显示

点阵式液晶由 $M \times N$ 个显示单元组成，假设液晶显示器有 64 行，每行有 128 列，每 8 列对应 1 字节的 8 位，即每行由 16 字节，共 $16 \times 8=128$ 个点组成，屏上 64×16 个显示单元与显示 RAM 区 1024 字节相对应，每字节的内容和液晶显示器上相应位置的亮暗对应。例如，液晶显示器第一行的亮暗由 RAM 区的 000H ～ 00FH 共 16 字节的内容决定，当（000H）=FFH时，屏幕的左上角显示一条短亮线，长度为8个点；当（3FFH）=FFH时，屏幕的右下角显示一条短亮线；当（000H）=FFH,（001H）=00H,（002H）=00H，…,（00EH）=00H,（00FH）=00H时，屏幕的顶部显示一条由8条亮线和8条暗线组成的虚线。

这就是液晶显示器显示的基本原理。

（2）字符的显示

用液晶显示器显示一个字符比较复杂，因为一个字符由 6×8 或 8×8 点阵组成，既要找到和显示屏幕上某几个位置对应的显示 RAM 区的 8 字节，还要使每字节的不同位为 1，其他的为 0，为 1 的点亮，为 0 的不亮，这样一来就组成了某个字符。但对于内带字符发生器的控制器来说，显示字符就比较简单了，可以让控制器工作在文本方式，根据在液晶显示器上开始显示的行列号和每行的列数找出显示 RAM 对应的地址，设立光标，在此送上该字符对应的代码即可。

（3）汉字的显示

汉字的显示一般采用图形的方式，事先从 PC 中提取要显示的汉字的点阵码（一般用字模提取软件），每个汉字占 32 字节，分左右两半，各占 16 字节，左边为 1、3、5、…，右边为 2、4、6、…，根据在液晶显示器上开始显示的行列号和每行的列数找出显示 RAM 对应的地址，设立光标，送上要显示的汉字的第 1 个字节，光标位置加 1；送第 2 个字节，换行按列对齐；送第 3 个字节，……，直到 32 字节显示完，就可以在液晶显示器上得到一个完整汉字。

4.2.2　LCD1602 液晶显示模块

1. LCD1602 液晶显示模块的功能和引脚介绍

LCD1602 液晶显示模块是一个字符式液晶显示模块，能够同时显示 16×2（16 列 2 行）个字符，即可以显示两行，每行 16 个字符，共 32 个字符。

LCD1602 是专门用来显示字母、数字、符号等的点阵式液晶模块。它由若干个 5×7 或 5×11 的点阵字符位组成，每个点阵字符位都可以显示一个字符，每位之间有一个点距的间隔，每行之间也有间隔，起字符间距和行间距的作用。

LCD1602 液晶显示模块实物如图 4-7 所示。

图 4-7　LCD1602 液晶显示模块实物

LCD1602 液晶显示模块分为带背光和不带背光两种，控制驱动主电路为 HD44780，带背光的比不带背光的厚，是否带背光在应用中并无差别。LCD1602 液晶显示模块的主要技术参数如下。

① 显示容量：16×2 个字符。

② 工作电压：4.5 ～ 5.5V。

③ 工作电流：2.0mA（5.0V）。

④ 最佳工作电压：5.0V。

⑤ 字符尺寸（宽 × 高）：2.95mm × 4.35mm。

LCD1602 液晶显示模块采用标准的 14 脚（无背光）或 16 脚（带背光）接口，其引脚说明见表 4-4。

表 4-4　LCD1602 液晶显示模块引脚说明

引脚	符号	引脚说明	引脚	符号	引脚说明
1	VSS	电源地	9	D2	数据
2	VDD	电源正极（5V）	10	D3	数据
3	VL	液晶显示偏压	11	D4	数据
4	RS	数据 / 指令寄存器选择	12	D5	数据
5	R/W	读 / 写选择	13	D6	数据
6	E	使能端	14	D7	数据
7	D0	数据	15	BLA	背光源正极
8	D1	数据	16	BLK	背光源负极

引脚 3（VL）为液晶显示器对比度调整端，接正电源时对比度最低，接地时对比度最高。对比度过高时会产生"鬼影"，使用时可以通过一个 10kΩ 的电位器调整对比度。

引脚 4（RS）为数据 / 指令寄存器选择，高电平时选择数据寄存器，低电平时选择指令寄存器。

引脚 5（R/W）为读 / 写选择，高电平时进行读操作，低电平时进行写操作。当 RS 和 R/W 均为低电平时，可以写入指令或者显示地址；当 RS 为低电平、R/W 为高电平时，可以读忙信号；当 RS 为高电平、R/W 为低电平时，可以写入数据。

引脚 6（E）为使能端，当使能端由高电平跳变成低电平时，液晶显示模块执行命令。

引脚 7 ～引脚 14（D0 ～ D7）为 8 位双向数据线，D7 为最高位。

市面上字符式液晶显示器大多数基于 HD44780 液晶芯片，控制原理完全相同，因此基于 HD44780 写的控制程序，可以很方便地用于市面上大部分字符式液晶显示器。

2. LCD1602 液晶显示模块的 RAM 地址映射和标准字库表

（1）LCD1602 液晶显示模块的内部显示地址

显示字符时，要先输入显示字符的地址，也就是先通知模块在哪里显示字符。HD44780 内置了 DDRAM（显示数据随机存储器）、CGROM（字符发生存储器，即标准字库）和 CGRAM（用户自定义字库存储器）。其中 DDRAM 就是内部显示地址 RAM，用来寄存待显示的字符代码，共 80 字节。DDRAM 地址与显示位置的对应关系见表 4-5。

表 4-5　DDRAM 地址与显示位置的对应关系

显示位置	1	2	3	4	5	6	7	…	40
第 1 行	00H	01H	02H	03H	04H	05H	06H	…	27H
第 2 行	40H	41H	42H	43H	44H	45H	46H	…	67H

LCD1602 液晶显示模块内置的模块控制都是 HD44780 或其兼容产品，1602 表示可以显示两行信息，每一行显示 16 个字符。所以以 LCD1602 内部显示地址见表 4-6。

表 4-6　LCD1602 内部显示地址

显示位置	1	2	3	4	5	6	7	8	9	10	11	12	13	14	15	16
第 1 行	00H	01H	02H	03H	04H	05H	06H	07H	08H	09H	0AH	0BH	0CH	0DH	0EH	0FH
第 2 行	40H	41H	42H	43H	44H	45H	46H	47H	48H	49H	4AH	4BH	4CH	4DH	4EH	4FH

从表 4-6 可以看出，第 1 行第 1 个字符的显示地址是 00H，第 2 行第 1 个字符地址的显示地址是 40H，所以第 1 行 DDRAM 地址与第 2 行 DDRAM 地址并不连续。那么，直接写入 40H 是否就能将光标定位在第 2 行第 1 个字符的位置呢? 肯定不是。因为写入地址时，要求最高位 D7 恒定为高电平，所以写入的数据应该是：01000000B+10000000B=11000000B，即 40H+80H=C0H。

（2）LCD1602 液晶显示模块的标准字库

LCD1602 液晶显示模块内部的 CGROM 标准字库已经存储的点阵字符图形见表 4-7。

表 4-7　LCD1602 液晶显示模块的标准字库

低4位	高4位															
	0000	0001	0010	0011	0100	0101	0110	0111	1000	1001	1010	1011	1100	1101	1110	1111
0000	CGRAM(1)			0	@	P	`	p			—					
0001	(2)		!	1	A	Q	a	q								
0010	(3)		"	2	B	R	b	r								
0011	(4)		#	3	C	S	c	s								
0100	(5)		$	4	D	T	d	t								
0101	(6)		%	5	E	U	e	u								
0110	(7)		&	6	F	V	f	v								
0111	(8)		'	7	G	W	g	w								
1000	(1)		(	8	H	X	h	x								
1001	(2)		)	9	I	Y	i	y								
1010	(3)		*	:	J	Z	j	z								
1011	(4)		+	;	K	[	k	{								
1100	(5)		,	<	L	¥	l	|								
1101	(6)		-	=	M	]	m	}								
1110	(7)		.	>	N	^	n	→								
1111	(8)		/	?	O	_	o	←								

由表 4-7 可以看出，这些字符有阿拉伯数字、英文字母的大小写、常用的符号和日文假名等，每个字符都有固定的代码。例如，当确定大写英文字母 A 的代码时，要先看所在列的代码（高 4 位），再看所在行的代码（低 4 位），这样就得到 A 的代码为 01000001B=41H。显示时模块把地址 41H 中的点阵字符图形显示出来，就能显示出字母 A 了。

表 4-7 中，字符代码 00000000B ～ 00001111B（00H ～ 0FH）为用户自定义的字符图形，即 CGRAM；00100000B ～ 01101111B（20H ～ 7FH）为标准的 ASCII 码（美国信息交换标准码）；10100000B ～ 11111111B（A0H ～ FFH）为日文字符和希腊文字符；00010000B ～ 00011111B（10H ～ 1FH）和 10000000B ～ 10011111B（80 ～ 9FH）没有定义。

3. LCD1602 液晶显示模块的指令操作

那么如何对 DDRAM 中的内容和地址进行具体操作呢？下面先讲解 HD44780 的指令集机器设置说明，该指令集共包含 11 条指令。

（1）清屏指令（见表 4-8）

指令码为 01H。

表 4-8　清屏指令

引脚及执行 时间	RS	R/W	D7	D6	D5	D4	D3	D2	D1	D0	执行 时间
参数	0	0	0	0	0	0	0	0	0	1	1.64ms

功能：

1）清除液晶显示器，即将 DDRAM 的内容全部填入"空白"的字符码 20H。

2）光标归位，将光标撤回液晶显示屏的左上方（地址码为 00H）。

（2）光标归位指令（见表 4-9）。

表 4-9　光标归位指令

引脚及执行 时间	RS	R/W	D7	D6	D5	D4	D3	D2	D1	D0	执行 时间
参数	0	0	0	0	0	0	0	0	1	×	1.64ms

功能：

1）把光标撤回到液晶显示器的左上方（地址码为 00H）。

2）保持 DDRAM 的内容不变。

（3）显示模式设置指令（见表 4-10）

表 4-10　显示模式设置指令

引脚及执行 时间	RS	R/W	D7	D6	D5	D4	D3	D2	D1	D0	执行 时间
参数	0	0	0	0	0	0	0	1	I/D	S	40μs

功能：设定每次写入 1 位数据后光标的移动方向，并设定每次写入的 1 个字符是否移动。参数设定情况如下。

1）I/D：写入 1 位数据后光标的移动方向。1 表示光标右移，I/D=0 表示光标左移。

2）S：写入新数据后屏幕上所有字符是否左移或者右移。1 表示写入新数据后所有字符整体右移 1 字，0 表示写入新数据后所有字符不移动。

（4）显示开关控制指令（见表 4-11）

表 4-11 显示开关控制指令

引脚及执行时间	RS	R/W	D7	D6	D5	D4	D3	D2	D1	D0	执行时间
参数	0	0	0	0	0	0	1	D	C	B	40μs

功能：设定显示功能开 / 关、光标显示 / 关闭以及光标是否闪烁。参数设定情况如下。

1）D：0 表示显示功能关，1 表示显示功能开。

2）C：0 表示光标关闭 1 表示光标显示。

3）B：0 表示光标闪烁；1 表示光标不闪烁。

（5）设定显示屏或光标移动方向指令（见表 4-12）

表 4-12 设定显示屏或光标移动方向指令

引脚及执行时间	RS	R/W	D7	D6	D5	D4	D3	D2	D1	D0	执行时间
参数	0	0	0	0	0	1	S/C	R/L	×	×	40μs

功能：使光标移位或者使所有字符移位。参数设定见表 4-13。

表 4-13 参数设定

S/C	R/L	设定情况
0	0	光标左移 1 格，且地址码减 1
0	1	光标右移 1 格，且地址码加 1
1	0	所有字符左移 1 格，但光标不动
1	1	所有字符右移 1 格，但光标不动

（6）功能设定指令（见表 4-14）

表 4-14 功能设定指令

引脚及执行时间	RS	R/W	D7	D6	D5	D4	D3	D2	D1	D0	执行时间
参数	0	0	0	0	1	DL	N	F	×	×	40μs

功能：设定数据总线位数、显示的行数和字型。参数设定情况如下。

1）DL：0 表示数据总线为 4 位，1 表示数据总线为 8 位。

2）N：0 表示单行显示，1 表示双行显示。

3）F：0 表示每个字符为 5×7 点阵，1 表示每个字符为 5×10 点阵。

（7）设定 CGRAM 地址指令（见表 4-15）

功能：设定下一个要存入数据的 CGRAM 地址。

（8）设定 DDRAM 地址指令（见表 4-16）

功能：设定下一个要存入数据的 DDRAM 地址。

表 4-15 设定 CGRAM 地址指令

引脚及执行时间	RS	R/W	D7	D6	D5	D4	D3	D2	D1	D0	执行时间
参数	0	0	0	1	A5	A4	A3	A2	A1	A0	40μs
					CGRAM 地址（6 位）						

表 4-16 设定 DDRAM 地址指令

引脚及执行时间	RS	R/W	D7	D6	D5	D4	D3	D2	D1	D0	执行时间
参数	0	0	1	A6	A5	A4	A3	A2	A1	A0	40μs
				DDRAM 地址（7 位）							

需要注意的是，由于 D7 恒为 0，因此发送地址时应为 80H+DDRAM 地址。这也是写地址命令时要加上 80H 的原因。

（9）读取忙信号或 AC 地址指令（见表 4-17）

表 4-17 读取忙信号或 AC 地址指令

引脚及执行时间	RS	R/W	D7	D6	D5	D4	D3	D2	D1	D0	执行时间
参数	0	1	BF	AC6	AC5	AC4	AC3	AC2	AC1	AC0	40μs

功能：

1）读取忙信号 BF 的内容，BF=1 表示液晶显示器忙，暂时无法接收单片机送来的数据或指令；BF=0 表示液晶显示器可以接收单片机送来的数据或指令。

2）读取 AC（地址计数器）的内容。

（10）数据写入 DDRAM 或 CGRAM 指令（见表 4-18）

表 4-18 数据写入 DDRAM 或 CGRAM 指令

引脚及执行时间	RS	R/W	D7	D6	D5	D4	D3	D2	D1	D0	执行时间
参数	1	0	要写入的数据								40μs

功能：

1）将字符码写入 DDRAM，以使液晶显示器显示出对应的字符。

2）将用户自己设计的图形存入 CGRAM。

（11）从 CGRAM 或 DDRAM 读出数据指令（见表 4-19）

表 4-19 从 CGRAM 或 DDRAM 读出数据指令

引脚及执行时间	RS	R/W	D7	D6	D5	D4	D3	D2	D1	D0	执行时间
参数	1	1	要读出的数据								40μs

功能：读出 CGRAM 或 DDRAM 中的内容。

（12）LCD1602 液晶显示模块指令的基本操作时序

LCD1602 液晶显示模块的指令主要有 4 个基本操作，指令的基本操作时序见表 4-20。

表 4-20　指令的基本操作时序

基本操作	输入	输出
读状态	RS=L，R/W=H，E=H	D0 ～ D7 为状态字
写指令	RS=L，R/W=L，D0 ～ D7 为指令码，E 为高脉冲	无
读数据	RS=H，R/W=H，E=H	D0 ～ D7 为数据
写数据	RS=H，R/W=L，D0 ～ D7 为数据，E 为高脉冲	无

注：L 表示低电平，H 表示高电平。

针对 4 个基本操作，做如下说明。

1）E=H，开始初始化时 E=0，然后 E=1，最后 E=0。

2）读状态时，主要是读取 D7 位（即显示模块的忙信号 BF）。由于 LCD1602 液晶显示模块是一个慢显示模块，所以在执行每条指令之前，一定要先确认模块是否处于忙的状态。BF=0 表示不忙，LCD1602 液晶显示模块可以接收单片机送来的数据或指令；BF=1 表示忙，LCD1602 液晶显示模块暂时无法接收单片机送来的数据或指令；

3）写指令时，可以写入指令或者显示地址，例如写入清屏指令等。

4）读数据时，从数据寄存器中读取数据。

5）写数据时，写入数据寄存器（显示各字形等）。

4.2.3　单片机驱动 LCD1602 实例

单片机驱动 LCD1602 的具体步骤如下。

（1）LCD1602 初始化

4.7 单片机
驱动液晶

要使用 LCD1602，必须按照一定的时序对其进行初始化操作，主要任务是设置 LCD1602 的工作方式、显示状态、清屏、输入方式、光标位置等，使用指令字对 LCD1602 进行初始化的流程见表 4-21，根据显示功能要求构造命令字，通过写指令操作完成指令字的写入。

表 4-21　LCD1602 初始化流程

指令	RS	R/W	D7	D6	D5	D4	D3	D2	D1	D0
功能设定	0	0	0	0	1	DL(1)	N(1)	F(0)	0	0
	设置显示为 16×2，5×7 的点阵，8 位数据总线									
显示开关控制	0	0	0	0	0	1	1	D(1)	C(0)	B(0)
	设置显示、光标、光标闪烁的开关									
清屏	0	0	0	0	0	0	0	0	0	1
	清除屏幕显示内容									
显示模式设置	0	0	0	0	0	0	0	1	I/D(1)	S(0)
	设置光标、屏幕上所有字符的移动方向									

参考程序代码如下。

```
void lcd_init()   // LCD1602 初始化函数
{
lcd_wcom(0x38);   // 8 位数据，双列，来自指令功能设定
lcd_wcom(0x0c);   // 开启显示功能，关光标，光标不闪烁，来自显示开关控制指令
lcd_wcom(0x01);   // 清屏，来自清屏指令
lcd_wcom(0x06);   // 显示地址递增，即写 1 个数据后，显示位置右移 1 位，来自显示模式
                  // 设置指令
}
```

（2）按照 LCD1602 的时序写代码

首先，根据 LCD 驱动电路（见图 4-8）定义 LCD1602 的三个控制引脚，程序代码如下。

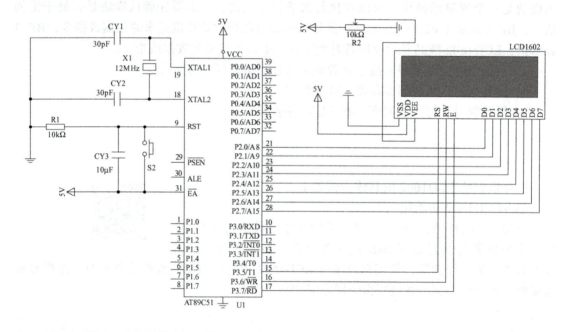

图 4-8　LCD1602 驱动电路

```
sbit rs=P3^5;// LCD1602 的数据 / 指令寄存器选择控制线
sbit rw=P3^6;// LCD1602 的读写控制线
sbit en=P3^7;// LCD1602 的使能控制线
```

其次，按照 LCD1602 指令的基本操作时序写出写指令函数和写数据函数。

```
void lcd_wcom(uchar com)     // 写指令函数（单片机给 LCD1602 写指令）
{
    LCD_Check_Busy();        // LCD1602 接收到指令后，不用存储，直接由 HD44780
                             // 执行并产生相应动作
    rs=0;                    // 选择指令寄存器
    rw=0;                    // 选择写
    P2=com;                  // 把指令字送入 P2
    en=1;                    // 使能线电平变化，指令送入 LCD1602 的 8 位数据口
```

```
        en=0;
    }
    void lcd_wdat(uchar dat)            // 写数据函数
    {   LCD_Check_Busy();               // 判忙函数；实际中写数据之前应先判断液晶显示模块是
                                        // 否忙碌

        rs=1;                           // 选择数据寄存器
        rw=0;                           // 选择写
        P2=dat;                         // 把要显示的数据送入 P2
        en=1;                           // 使能线电平变化，数据送入 LCD1602 的 8 位数据口
        en=0;

    }
```

若要使 LCD1602 的第 1 行显示 "OK？"，第 2 行显示 "AT89C51"，参考程序代码如下。

```
#include<reg51.h>
#include <intrins.h>
#define uint unsigned int          // 宏定义
#define uchar unsigned char
sbit rs=P3^5;                        // LCD1602 的数据 / 指令寄存器选择控制线
sbit rw=P3^6;                        // LCD1602 的读写控制线
sbit en=P3^7;                        // LCD1602 的使能控制线
#define DataPort P2
/*P2 口接 LCD1602 的 D0～D7，注意不要接错顺序 */
uchar code table[]= "OK?";           // 第 1 行要显示的内容放入数组 table
uchar code table1[]= "AT89C51";      // 第 2 行要显示的内容放入数组 table1
void delay(uint n)                   // 延时函数
{
    uint x,y;
    for(x=n;x>0;x--)
        for(y=110;y>0;y--);
}
void LCD_Check_Busy(void)
{
while(1)
{DataPort=0xff;
rs=0;
rw=1;
en=0;
_nop_();
en=1;
if(DataPort&0x80)break;
}
en=0;
delay(2);
}
void lcd_wcom(uchar com)             // 写指令函数（单片机给 1602 写指令）
{
```

```
    LCD_Check_Busy();              // LCD1602 接收到指令后，不用存储，直接由 HD44780
                                   // 执行并产生相应动作
    rs=0;                          // 选择指令寄存器
    rw=0;                          // 选择写
    P2=com;                        // 把指令字送入 P2
    en=1;                          // 使能线电平变化，指令送入 LCD1602 的 8 位数据口
    en=0;
}
void lcd_wdat(uchar dat)           // 写数据函数
{ LCD_Check_Busy();
    rs=1;                          // 选择数据寄存器
    rw=0;                          // 选择写
    P2=dat;                        // 把要显示的数据送入 P2
    en=1;                          // 使能线电平变化，数据送入 LCD1602 的 8 位数据口
    en=0;
}
void lcd_init()                    // 初始化函数
{
    lcd_wcom(0x38);                // 8 位数据，双列，5×7 点阵
    lcd_wcom(0x0c);                // 开启显示功能，关光标，光标不闪烁
    lcd_wcom(0x06);                // 显示地址递增，即写 1 个数据后，显示位置右移 1 位
    lcd_wcom(0x01);                // 清屏
}
void main()                        // 主函数
{
    uchar n,m=0;
    lcd_init();                    // LCD1602 初始化
    lcd_wcom(0x80);                // 显示地址设为 80H(00H)，即第 1 行第 1 位
    for(m=0;m<4;m++)               // 将 table[] 中的数据依次写入 LCD1602 进行显示
    {
      lcd_wdat(table[m]);
      delay(200);
    }
    lcd_wcom(0x80+0x40);           // 重新设定显示地址为 0xc4，即第 2 行第 1 位
    for(n=0;n<8;n++)               // 将 table1[] 中的数据依次写入 LCD1602 进行显示
    {
        lcd_wdat(table1[n]);
        delay(200);
    }
    while(1);                      // 动态停机
}
```

用单片机驱动 LCD1602 液晶显示模块的步骤可以总结如下。

1）定义初始化函数。

2）定义写指令函数（需要判忙：本任务驱动 LCD1602 实际上没有判断 LCD1602 忙与否，直接用了延时函数延时达到单片机与 LCD1602 同步）。

3）定义写数据函数。

4）主函数：调用初始化函数，调用写指令函数，调用写数据函数（注意首地址与地址的移动）。

4.2.4 简易秒表硬件设计

4.8 简易秒表的设计

硬件电路主要由主控制器、计时与显示电路、按键模块三部分组成。主控制器采用单片机 AT89C51；显示电路采用 LCD1602，用于显示计时时间；按键模块需要通过按键实现秒表的清零、启动和暂停。简易秒表硬件电路如图4-9所示。

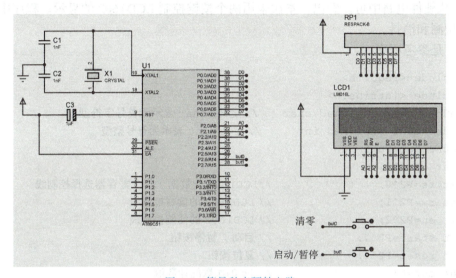

图4-9 简易秒表硬件电路

电路中的 LCD1602 位于元件库 Category → Optoelectronics → Sub–category → Alphanumeric LCDs 下，具体查找方法如图4-10所示。Results 列表中 16×2 规格的即为 LCD1602。

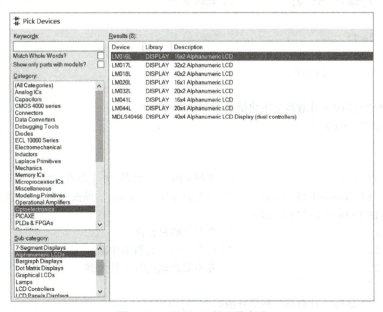

图4-10 LCD1602 的查找方法

4.2.5 简易秒表软件设计

软件设计的基本步骤如下。

1）利用单片机的定时/计数器完成计时。本任务中采用定时/计数器 T0 中断完成，定时溢出中断周期为 50ms，一处中断后向 CPU 发出溢出中断请求，每发出一次中断请求就对毫秒计数单元加 1，达到 2 次就对十分位加 1，依此类推，直到 59min59.9s 重新复位。

2）从定时/计数器的计数值中提取要显示的数值，通过单片机控制 LCD1602 进行显示。此处需要参考 4.2.2 小节单片机驱动 LCD1602 的具体步骤。

3）从硬件电路中可以看出，本次采用两个按键控制 LCD1602 的显示。程序中需要注意按键检测和消抖。

以下是参考程序。

```
#include <reg51.h>
#include <intrins.h>
#define uchar unsigned char    // 定义 uchar 表示无符号字符型
#define uint unsigned int      // 定义 uint 表示无符号整型
#define DataPort P0
uchar str[10];
sbit rs=P2^0;                  //LCD1602 的数据/指令寄存器选择控制线
sbit rw=P2^1;                  // LCD1602 的读写控制线
sbit en=P2^2;                  // LCD1602 的使能控制线
sbit start=P2^7;               // 启动/暂停按钮
sbit reset=P2^6;               // 复位按钮
uint cnt=0;                    // 1s 的次数的计数值
uint num=0;                    // 进入中断次数的计数值 (1 次 50ms)
uint num1=0;                   // 0.1s 的次数的计数值
/***********ms 级延时函数 ************/
void delayms(uint x)           // 延时 x ms
{
    uint i,j;
    for(i=x;i>0;i--)
        for(j=110;j>0;j--);
}
/*********** 定时/计数器初始化函数 *************/
void InitTimer0()
{

    TMOD=0x01;                 // 选择定时/计数器 T0 工作在方式 1
    TH0=(65536-45872)/256;     // 装初值 (定时 50ms)，晶振频率为 11.0592MHz
    TL0=(65536-45872)%256;
    EA=1;                      // 打开中断总允许
    ET0=1;                     // 打开定时/计数器中断
    TR0=0;                     // 先不要启动定时/计数器
  }
/*********** 定时/计数器中断服务函数 *************/
```

```
void TIMER0() interrupt 1
{
    TH0=(65536-45872)/256;      // 重装初值
    TL0=(65536-45872)%256;
    num++;                      // 进入中断次数值加 1，用于判断是否达到 1s
    num1++;                     // 进入中断次数值加 1，用于判断是否达到 0.1s
}
void LCD_Check_Busy(void)
{
while(1)
{DataPort=0xff;
rs=0;
rw=1;
en=0;
_nop_();
en=1;
if(DataPort&0x80)break;
}
en=0;
delayms(2);
}
void lcd_wcom(uchar com)        // LCD1602 写指令函数（单片机给 LCD1602 写指令）
{
    LCD_Check_Busy();           // LCD1602 接收到指令后，不用存储，直接由 HD44780
                                // 执行并产生相应动作
    rs=0;                       // 选择指令寄存器
    rw=0;                       // 选择写
    P0=com;                     // 把指令字送入 P0
    en=1;                       // 使能线电平变化，指令送入 LCD1602 的 8 位数据口
    en=0;
}
void lcd_wdat(uchar dat)        // LCD1602 写数据函数
{   LCD_Check_Busy();
    rs=1;                       // 选择数据寄存器
    rw=0;                       // 选择写
    P0=dat;                     // 把要显示的数据送入 P0
    en=1;                       // 使能线电平变化，数据送入 LCD1602 的 8 位数据口
    en=0;
}
void lcd_init()                 //LCD1602 初始化函数
{
    lcd_wcom(0x38);             // 8 位数据，双列，5×7 点阵
    lcd_wcom(0x0c);             // 开启显示功能，关光标，光标不闪烁
    lcd_wcom(0x06);             // 显示地址递增，即写 1 个数据后，显示位置右移 1 位
    lcd_wcom(0x01);             // 清屏
}
/************* 主程序 *************/
```

```
void main()
{
    uint ms100=0;                  // 秒的十分位
    uint s,s1,min,min1,minu=0;     // 秒的个位，秒的十位，分的个位，分的十位，分的计数
    uchar m=0;
    lcd_init();                    // 初始化 LCD1602
    InitTimer0();                  // 初始化定时 / 计数器
    while(1)                       // 进入死循环
    {
        if(start==0)               // 检测启动 / 暂停键是否按下
        {
            delayms(20);           // 延时消抖
            if(start==0)           // 消抖之后再次检测
            {
                TR0= ~ TR0;        // 定时 / 计数器的控制位取反
                while(!start);     // 等待按键释放
            }
        }
        if(reset==0)               // 检测复位键是否按下
        {delayms(20);              // 延时消抖
        if(reset==0)               // 消抖之后再次检测
        {
            num=0;
            num1=0;                // 进入中断次数值清 0
            ms100=0;               // 秒的十分位的计数值清 0
            cnt=0;                 // 秒的计数值清 0
            minu=0;                // 分的计数值清 0
            while(!reset);         // 等待按键释放
        }
        }
        if(num1>=2)                // 检测是否达到 0.1s (2 个 50ms)
        {   num1=0;                // 进入中断次数值清 0
            ms100++;               // 秒的十分位的计数值加 1
            if(ms100>=10)          // 判断秒的十分位计数值是否达到 10
            {
            ms100=0;               // 秒的十分位的计数值清 0
            num1=0;                // 进入中断次数值清 0
            }
        }
        if(num>=20)                // 判断计时时间是否达到 1s (20 个 50ms)
        {
            num=0;                 // 进入中断次数值清 0
            cnt++;                 // 秒的计数值加 1
            if(cnt>=60)            // 判断是否达到 60s
            {
            cnt=0;                 // 若达到 60s，将秒的计数值清 0
            minu++;                // 分的计数值加 1
```

```
            if(minu>=60)              // 判断是否达到 60min
            {
             TR0=!TR0;                // 若达到 60min 则关闭定时 / 计数器并清 0 所有的计数值
             num1=0;
             num=0;
             ms100=0;
             cnt=0;
             minu=0;
            }
        }
     }
        s=cnt%10;                     // 从秒的计数值里分离秒的个位
        s1=cnt/10;                    // 从秒的计数值里分离秒的十位
        min=minu%10;                  // 从分的计数值里分离分的个位
        min1=minu/10;                 // 从分的计数值里分离分的十位
        str[0] = min1 + '0';         // 将 min1 数字转成字符型存数组 str[0] 位置
        str[1] = min + '0';
       str[2] = ':';
       str[3] = s1 + '0';
       str[4] = s + '0';
       str[5] = ':';
       str[6] = ms100 + '0';
       str[7] = '\0';
       lcd_wcom(0x80);               // 显示地址设为 80H，即第 1 行第 1 位 ( 也是执行一条指令 )
            for(m=0;m<8;m++)          // 将 str[] 中的数据依次写入 LCD1602 进行显示
            {
               lcd_wdat(str[m]);
               delayms(200);
            }
        while(1);
    }
}
```

任务 4.3　## 拓展训练　倒计时器设计

随着中国航天技术的快速发展，北斗卫星导航、探月工程、神舟飞船等项目取得了举世瞩目的成就，中国的火箭发射技术也已经处于较高水平。在日常的新闻报道中，我们时常可以看到在长征系列运载火箭发射中使用倒计时发射，"10、9、…、2、1，发射！"，一枚巨大的火箭被准确无误地送上了太空。采用这种倒计时制，给人紧迫感，让人们集中注意力。图 4-11 所示为火箭发射控制中心和正在发射的火箭。

火箭发射除了最后的 10s 倒计时外，还有最后 2h、1h、30min、20min 等倒计时，目的都是为了提醒、协调火箭各个系统，最后确认所有准备工作是否无误、系统表现是否正常。一旦发现问题，需要及时排除隐患，甚至停止火箭发射。火箭发射时使用倒计时，真正的作用在于确认火箭发射的时间零点，它既严格又科学地把火箭在起飞前的各种动作按时间程序化，以确保万无一失。

图 4-11 火箭发射控制中心和正在发射的火箭

随着社会和科技的发展，各种科研实验对时间的精度控制非常苛刻，对于高速运动的物体时间更是失之毫厘谬以千里，因此时间的精度对于研究高速移动物体显得尤为重要。本次拓展训练将设计一个基于单片机定时/计数器的 10s 倒计时器，实质就是精度极高的倒计时工具的缩影，以此为模型可以设计出更多更精确的倒计时工具。这是我们学习路途上的一小步，但汇聚众多的一小步就可以推动科技的发展。

本设计采用 AT89C51 单片机的定时/计数器 T0 产生 1s 的定时时间后，采用软件计数器的方法实现 10s 倒计时，并实现 10 ～ 0s 的循环显示。具体功能要求如下。

1）按下启动按键后，倒计时器开始工作，从 10s 开始倒计时。

2）再次按下启动按键后，倒计时器复位。

3）按下暂停按键后，倒计时器停止计时工作。

4）再次按下暂停按键后，倒计时器继续进行倒计时工作。

程序代码如下。

```
#include <reg51.h>
unsigned char code LED[]={0xc0,0xf9,0xa4,0xb0,0x99,0x92,0x82,0xf8,0x80,
0x90};
unsigned char m,buf[2];
unsigned int shu,j;
void delay(unsigned char x)
{
    unsigned char y;
    for(;x>0;x--)
        for(y=110;y>0;y--);
}
void dis(unsigned int temp)
{
    unsigned char i;
    buf[0]= temp/10;
    buf[1]= temp%10;


    for(i=0;i<2;i++)
```

```
    {
        P2=(0x01<<i);
        P1=LED[buf[i]];
        delay(5);
        P1=0xff;
    }
}

void INT_0()interrupt 0
{
    TR0=~ TR0;
}
void INT_1()interrupt 2
{
    TR0=~ TR0;
    TL0=(65536-50000)%256;
    TH0=(65536-50000)/256;
    shu=10;
    j=0;

}
void TIME_0()interrupt 1
{
    TL0=(65536-50000)%256;
    TH0=(65536-50000)/256;
    j++;
    if(j==20)
    {
        j=0;
        shu--;
        if(shu==0)
        TR0=0;
    }
}
void main()
{
    TCON=0x05;
    IP=0x00;
    TMOD=0x01;
    TL0=(65536-50000)%256;
    TH0=(65536-50000)/256;
    TR0=1;
    IE=0x87;
    shu=10;
    j=1;
```

```
    while(1)
    {
        dis(shu);
    }
}
```

项目小结

本项目介绍了单片机定时/计数器的结构、工作方式、工作原理；单片机定时/计数器用于定时的编程方法；LCD1602液晶显示模块的原理和编程方法；基于LCD1602的秒表设计。

课后练习

一、填空题

1. 单片机AT89C51有_____个16位可编程定时器/计数器，当其工作于定时状态时，计数脉冲来自_____；当其工作于计数状态时，计数脉冲来自_____。

2. 定时/计数器T0可以工作于方式_____。方式0为_____位计数器。方式_____为自动重装初值8位/计数器。

3. 若系统晶振频率为12MHz，则T0工作于方式1时最多可以定时_____μs。

4. 单片机AT89C51定时/计数器的工作方式是由工作方式寄存器TMOD的GATE、C/$\overline{\text{T}}$、M1、M0、GATE、C/$\overline{\text{T}}$、M1、M0位状态字决定的，当TMOD中的M1M0=11时，定时/计数器工作于方式_____。

二、选择题

1. 单片机AT89C51定时/计数器共有4种工作方式，并由TMOD寄存器中的M1和M0的状态决定，当M1和M0的状态为10时，定时/计数器被设定为（　　）。

A. 13位计数器

B. 16位计数器

C. 自动重装初值8位计数器

D. T0为两个独立的8位计数器，T1为无中断的计数器

2. 单片机AT89C51定时/计数器是否计满，可采用等待中断的方法进行处理，也可通过对（　　）的查询方法进行判断。

A. OV标志　　　　　　B. CY标志　　　　　　C 中断请求标志　　　　D. 奇偶标志

3. 定时器T0的溢出标志TF0，在CPU响应中断后（　　）。

A. 由软件清0　　　　B. 由硬件清0　　　　C. 随机状态　　　　D. A、B都可以

4. 在单片机AT89C51中，定时/计数器工作在方式0下，计数器由TH的8位和TL的低5位组成，因此其计数范围是（　　）

A. 1～8192　　　　　B. 0～8191　　　　　C. 0～8192　　　　　D. 1～65536

三、问答题

1. 单片机 AT89C51 内部有几个定时 / 计数器？它由哪些特殊功能寄存器组成？

2. 单片机 AT89C51 定时 / 计数器的 4 种工作方式有何区别？

3. 使用一个定时器，如何实现较长时间的定时？

四、综合题

1. 已知单片机时钟频率为 12MHz，当要求定时时间为 50ms 和 25ms 时，试编写定时 / 计数器的初始化程序。

2. 应用单片机内部定时 / 计数器 T0，工作在方式 1 下，从 P1.0 口输出周期为 2ms 的方波脉冲信号，已知单片机的晶振频率为 12MHz，试编写程序代码。

项目 5　简易电子琴设计

项目导读

《我和我的祖国》作为一部庆祝中华人民共和国成立 70 周年的献礼影片，回顾了 70 年来中华人民共和国成立、中国第一颗原子弹爆炸成功、中国女排首获世界大赛三连冠、香港回归等意义非凡的历史时刻，整部影片洋溢着浓厚的爱国气息。

我和我的祖国，一刻也不能分割！国家的强大让每一个中国人挺胸抬头，拼搏奋进！

本项目以 51 单片机为核心，利用矩阵键盘设计一个简易电子琴，弹奏出中华人民共和国国歌——《义勇军进行曲》。

键盘由若干个独立按键组成，是单片机应用系统中最简单也最常用的输入设备。单片机系统设计中，如果使用按键较多（一般多于 8 个按键），通常采用矩阵键盘，这种矩阵键盘比独立按键节省很多 I/O 口，但是程序设计相对就要复杂一些。

项目目标

知识目标	1. 了解矩阵键盘的结构 2. 了解行列扫描法按键检测的编程原理 3. 了解线反转法按键检测的编程原理
技能目标	1. 掌握使用 Proteus 软件设计单片机简易电子琴硬件电路的技能 2. 掌握使用 Keil 软件设计单片机简易电子琴程序的技能
素养目标	1. 激发学生对祖国的热爱，弘扬爱国敬业精神、大国工匠精神 2. 培养思考问题、举一反三的思维能力

任务 5.1　行列扫描法按键检测

当按键被按下时，电平被拉成低电平，此电平作为输入信号接入单片机引脚，单片机接收到低电平时，认为产生了按键动作，执行相应的程序。

5.1 行列扫描法按键检测

本次任务要求通过行列扫描法实现数码管显示矩阵键盘键值的功能，使读者学习掌握行列扫描法按键检测的原理及使用方法。

5.1.1　矩阵键盘描述

矩阵键盘是由若干个按键组成的开关电路，它是简单的单片机输入设备，我们可以通过键盘输入数据或命令，实现简单的人机通信。按键有独立按键和矩阵键盘两种，独立按键在前面项目中已有介绍。若键盘闭合键的识别通过专用硬件实现，则称为编码键盘；若通过软件识别按键是否闭合，则称为非编码键盘。

键盘接口应有如下功能。

1）键盘扫描功能，即检测是否有键闭合。

2）键识别功能，即确定闭合键所在的行列位置。

3）产生相应键的代码（键值）的功能。

4）消除按键抖动的功能。

在单片机的运行过程中，执行键盘扫描和处理，可通过如下 3 种方式。

1）随机方式，每当 CPU 空闲时就执行键盘扫描程序。

2）中断方式，每当有键闭合时才向 CPU 发出中断请求，中断响应后执行键盘扫描程序。

3）定时方式，每隔一定时间执行一次键盘扫描程序，定时可由单片机的定时 / 计数器完成。

键盘上的键按行列组成矩阵，在行列的交点上都对应有一个键。为了实现键盘的数据输入功能和命令处理功能，每个键都有一个处理子程序。为此每个键对应一个键码，以便根据键码转到相应的处理子程序。为了得到闭合键的键码，有专门的键识别方法。

1. 矩阵键盘的结构

矩阵键盘的结构如图 5-1 所示，4 根行线和 4 根列线构成一个含有 16 个按键的键盘。

矩阵键盘中，行、列线分别连接到按键的两端，行线通过上拉电阻接到 5V 上。当无键按下时，行线处于高电平状态；当有键按下时，行、列线将导通，行线电平将由与此行线相连的列线电平决定。这是识别按键是否按下的关键。然而，矩阵键盘中的行线、列线与多个键相连，各按键按下与否均影响该键所在行线和列线的电平，各按键间相互影响，因此必须将行线、列线信号配合起来进行适当处理，才能确定闭合键的位置。

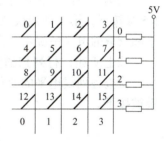

图 5-1　矩阵键盘的结构

2. 矩阵键盘的按键识别方法

常用的矩阵键盘按键识别方法有行列扫描法和线反转法两种。其中，行列扫描法使用较为普遍。

矩阵键盘的连接电路如图 5-2 所示，下面以图 5-2 中按键 K5 的识别检测为例，说明行列扫描法的使用过程。

1）要判断是否有按键按下，需要向所有的列线输出低电平（程序执行 "P1=0xf0"），然后单片机读取行线电平。若 16 个按键中有任意 1 个按键被按下，则单片机读取的行线电平不全为高；若 16 个按键中没有按键按下，则单片机读取的行线电平全为高电平。

例如，当按键 K5 按下时，该键所在的行列导通，第 2 行线为低电平。但读取到第 2 行线为低电平，还不能确定是否为按键 K5 按下，因为同属第 2 行的按键 K6、K7 或 K8 被按下，都可以使得第 2 行线为低电平，所以当第 2 行线为低电平时，只能得出第 2 行有键被按下的结论。

2）逐行扫描以识别哪个按键被按下。在某一时刻只让 1 条行线处于低电平状态，其他所有行线处于高电平状态。

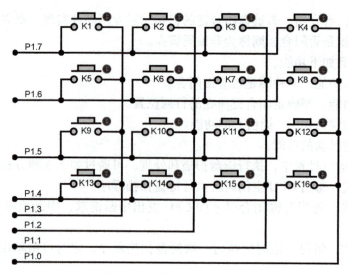

图 5-2　矩阵键盘的连接电路

当第 1 行线为低电平，其他 3 条行线为高电平时（执行程序"P1=0x7f"），由于按键 K5 被按下，第 1 列线仍为高电平，此时 P1 口的电平读取仍为 0x7f，只要 P1 口输出的电平和读取的电平情况一致，就说明并不是该行的按键被按下。

当第 2 行线为低电平，其他 3 条行线为高电平时（执行程序"P1=0xbf"），由于按键 K5 被按下，第 1 列线被拉成低电平，此时读取 P3 口的电平为 0xb7，只要 P1 口输出的电平和读取的电平情况不一致，就说明是该行的按键被按下。

综上所述，行列扫描法的思路是：先把某一行线置为低电平，其余各行线置为高电平，检查各列线电平的变化，若某一列线电平为低电平，则可以确定此行此列交叉处的按键被按下。

5.1.2 行列扫描法实现数码管显示矩阵键盘键值硬件设计

行列扫描法实现数码管显示矩阵键盘键值的连接电路如图 5-3 所示，其中单片机的 P0 口连接共阴极数码管，用来显示矩阵键盘的键值（十六进制数 0～F），P1.7～P1.4 连接矩阵键盘的 4 条行线，P1.3～P1.0 连接矩阵键盘的 4 条列线。

5.1.3 行列扫描法实现数码管显示矩阵键盘键值软件设计

该任务实现了按下矩阵键盘按键，将键值显示到数码管上的功能。程序代码如下。

```c
#include <reg51.h>
unsigned char code seg_tab[] = {0x3f,0x06,0x5b,0x4f,0x66,0x6d,0x7d,0x07,
        0x7f,0x6f,0x77,0x7c,0x39,0x5e,0x79,0x71};      // 共阴极数码管段码
unsigned char code test_code[] = {0x7f,0xbf,0xdf,0xef}; // 行扫描用的值
unsigned char KeyNum;

void delay(unsigned int num)
{
    unsigned int x,y;
```

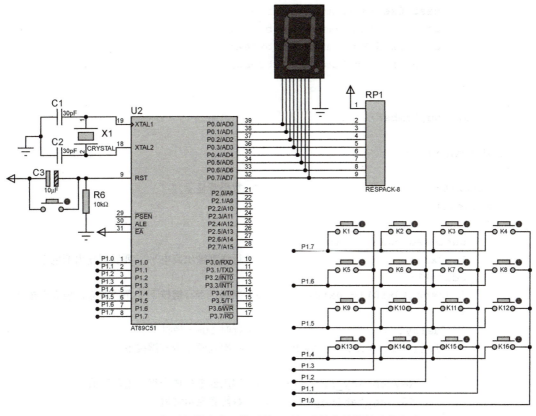

图 5-3　行列扫描法实现数码管显示矩阵键盘键值的连接电路

```
    for(x=num;x>0;x--)
        for(y=110;y>0;y--);
}
unsigned char Key_Scan()          // 按键扫描程序
{
    unsigned char i,KeyNumber;
    for(i=0;i<4;i++)
    {
        P1 = test_code[i];        // 输出行扫描用的值
        switch(P1)                // 读入 P1 口的特征值
        {
            case 0x77:KeyNumber=1;break;
            case 0x7b:KeyNumber=2;break;
            case 0x7d:KeyNumber=3;break;
            case 0x7e:KeyNumber=4;break;
            case 0xb7:KeyNumber=5;break;
            case 0xbb:KeyNumber=6;break;
            case 0xbd:KeyNumber=7;break;
            case 0xbe:KeyNumber=8;break;
            case 0xd7:KeyNumber=9;break;
            case 0xdb:KeyNumber=10;break;
            case 0xdd:KeyNumber=11;break;
            case 0xde:KeyNumber=12;break;
```

```
            case 0xe7:KeyNumber=13;break;
            case 0xeb:KeyNumber=14;break;
            case 0xed:KeyNumber=15;break;
            case 0xee:KeyNumber=16;break;
        }
    }
    return KeyNumber;
}
void main(void)
{
    P0=0x40;                      // 数码管显示 "–"
    while(1)
    {
        unsigned char scan;
        P1=0xf0;                  // 行线都输出高电平，列线都输出低电平
        scan=P1;
        if((scan&0xf0)!= 0xf0)    // 判断是否有键按下，条件成立代表有键按下
        {
            delay(10);            // 延时 10ms 消抖
            if((scan&0xf0)!= 0xf0)  // 再次判断是否有键按下
            {
                KeyNum=Key_Scan();  // 调用键盘扫描子程序返回键值
                P0=seg_tab[KeyNum-1];// 数码管显示键值
            }
        }
    }
}
```

任务 5.2　线反转法按键检测

本次任务要求利用线反转法实现数码管显示矩阵键盘键值的功能，使读者掌握线反转法按键检测的原理及使用方法。

5.2 线反转法按键检测

5.2.1　线反转法

线反转法是通过给单片机的端口赋值两次，得出哪一个按键被按下的一种算法。线反转法矩阵键盘电路如图 5-4 所示，4 条行线依次连接单片机的 P1.7 ~ P1.4，4 条列线依次连接单片机的 P1.3 ~ P1.0，16 个按键的编号依次为 K1 ~ K16，对应的键值依次为十六进制数 0 ~ F。

首先给单片机 P1 口赋值 0xf0，此时若按键 K1（键值为 0）被按下，则 P1 口实际的值为 0x70；然后给单片机 P1 口赋值 0x0f，此时若按键 K1 被按下，则 P1 口实际的值为 0x07；最后将两次 P1 口实际的值相加得 0x77，由此可得按键 K1 按下所对应的特征码为 0x77；依此类推，可以得到其他 15 个按键所对应的特征码。线反转法对应的特征码如图 5-5 所示。

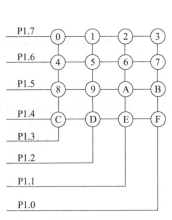

图 5-4 线反转法矩阵键盘电路

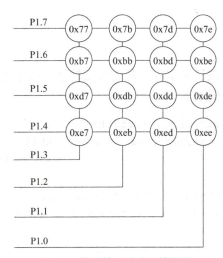

图 5-5 线反转法对应的特征码

5.2.2 线反转法实现数码管显示矩阵键盘键值硬件设计

线反转法实现数码管显示矩阵键盘键值的连接电路如图 5-6 所示，单片机的 P0 口连接共阴极数码管，用来显示矩阵键盘的键值（显示值为十六进制数 0 ~ F），P1.7 ~ P1.4 连接矩阵键盘的 4 条行线，P1.3 ~ P1.0 连接矩阵键盘的 4 条列线。

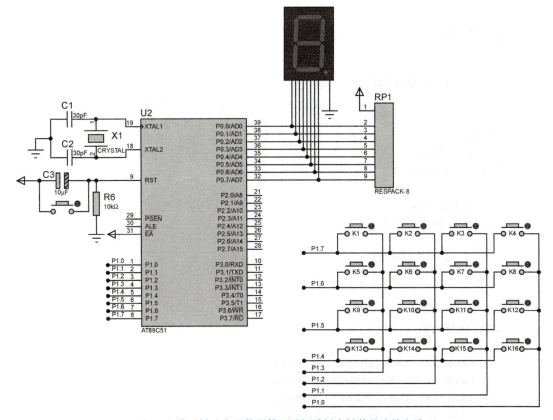

图 5-6 线反转法实现数码管显示矩阵键盘键值的连接电路

5.2.3 线反转法实现数码管显示矩阵键盘键值软件设计

该任务实现了利用线反转法，按下矩阵键盘按键，将键值显示到数码管上的功能。程序代码如下。

```c
#include <reg51.h>                                          // 引入头文件
unsigned char code seg_tab[] = {0x3f,0x06,0x5b,0x4f,0x66,0x6d,0x7d,0x07,
                    0x7f,0x6f,0x77,0x7c,0x39,0x5e,0x79,0x71};
                                                            // 共阴极数码管段码
unsigned char KeyNum,Key;
void delay(unsigned int num)
{
    unsigned int x,y;
    for(x=num;x>0;x--)
        for(y=110;y>0;y--);
}
unsigned char Key_Scan()                                    // 按键扫描程序
{
    unsigned char KeyNumber,high,low;                       // 定义局部变量
    P1=0xf0;
    high=P1&0xf0;
    if(high!=0xf0)
    {
        delay(10);
        if(high!=0xf0)
        {
            high=P1&0xf0;
        }
    }
    P1=0x0f;
    low=P1&0x0f;
    if(low!=0x0f)
    {
        delay(10);
        if(low!=0x0f)
        {
            low=P1&0x0f;
        }
    }
    Key=high+low;
    switch(Key)
    {
        case 0x77:KeyNumber=1;break;
        case 0x7b:KeyNumber=2;break;
        case 0x7d:KeyNumber=3;break;
        case 0x7e:KeyNumber=4;break;
        case 0xb7:KeyNumber=5;break;
```

```
        case 0xbb:KeyNumber=6;break;
        case 0xbd:KeyNumber=7;break;
        case 0xbe:KeyNumber=8;break;
        case 0xd7:KeyNumber=9;break;
        case 0xdb:KeyNumber=10;break;
        case 0xdd:KeyNumber=11;break;
        case 0xde:KeyNumber=12;break;
        case 0xe7:KeyNumber=13;break;
        case 0xeb:KeyNumber=14;break;
        case 0xed:KeyNumber=15;break;
        case 0xee:KeyNumber=16;break;
    }
    return KeyNumber;                   // 返回按键值 1～16
}
void main(void)
{
    while(1)
    {
        KeyNum=Key_Scan();
        if(KeyNum)
        {
            P0=seg_tab[KeyNum-1];       // 数码管显示十六进制数 0～F
        }
        else
        {
            P0=0x00;
        }
    }
}
```

任务 5.3 单片机发 "哆来咪"

要实现国歌的弹奏，需要将矩阵键盘的每一个按键与乐理中的"哆来咪发索拉西"一一对应，本次任务要求根据矩阵键盘的识别检测原理，利用矩阵键盘和蜂鸣器实现单片机发"哆来咪"的功能。

5.3 单片机发
"哆来咪"

5.3.1 认识蜂鸣器

蜂鸣器是一种将电信号转换为声音信号的器件，常用来产生设备的按键音、报警音等提示信号。单片机系统中常用的蜂鸣器按驱动方式主要分为有源蜂鸣器和无源蜂鸣器两类，实物如图 5-7 所示。

有源蜂鸣器只需要在供电端加上额定直流电压，其内部的振荡器就可以产生固定频率的信号，驱动蜂鸣器发出声音。有源蜂鸣器的特点是程序控制方便。无源蜂鸣器内部不带振荡器，使用时只要让蜂鸣器通过大小变化的电流（脉动电流），就能使蜂鸣器发出声音。

无源蜂鸣器的特点是价格便宜，声音频率可控，可以发出"哆来咪发索拉西"的声音。本项目要求弹奏国歌，需要蜂鸣器发出不同音调的声音，因此选用无源蜂鸣器来设计电路。

51 单片机的端口输出电流不够大，蜂鸣器必须外加驱动电路才能使用，一般使用二极管驱动，如图 5-8 所示。

a)　　　　　　　　　　b)

图 5-7　蜂鸣器实物

a）有源蜂鸣器　b）无源蜂鸣器

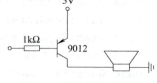

图 5-8　蜂鸣器驱动电路

自然界中声音是由物体的振动产生的，物体振动的频率不同，发出的声音也不同。蜂鸣器要想发出不同音调的声音，需要不同频率的方波来驱动。一首音乐由许多不同的音符组成，本任务要求单片机发"哆来咪"，即需要按下三个按键分别发出三个不同的音符，而每个音符对应不同的频率，这样就可以利用不同的频率，使按下不同的按键时发出的音符不同。该任务中，不同频率的产生选用定时 / 计数器 T0 工作在方式 1（16 位计数器）来实现，现在以 12MHz 晶振为例，列出 C 调音符与频率、定时 / 计数器初值对照见表 5-1。

表 5-1　C 调音符与频率、定时 / 计数器初值对照

音符		频率 /Hz	$\frac{1}{2}$ 周期 /μs	定时 / 计数器初值
低音	1	262	1908	63628
	2	294	1701	63835
	3	330	1515	64021
	4	349	1433	64103
	5	392	1276	64260
	6	440	1136	64400
	7	494	1008	64528
中音	1	523	956	64580
	2	587	852	64684
	3	659	759	64777
	4	698	716	64820
	5	784	638	64898
	6	880	568	64968
	7	988	506	65030
高音	1	1046	478	65058
	2	1175	426	65110
	3	1318	379	65157
	4	1397	358	65178
	5	1568	319	65217
	6	1760	284	65252
	7	1976	253	65283

5.3.2 单片机发"哆来咪"硬件设计

单片机发"哆来咪"电路如图5-9所示。单片机P1.7～P1.4连接矩阵键盘的4条行线；P1.3～P1.0连接矩阵键盘的4条列线；P2.0连接蜂鸣器，用来发声；P0口连接共阴极数码管，用来显示"哆来咪"所对应的"123"。

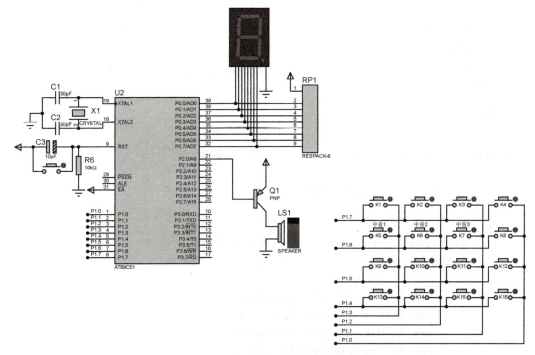

图 5-9 单片机发"哆来咪"电路

5.3.3 单片机发"哆来咪"软件设计

该任务实现了利用 K5、K6、K7 三个按键让单片机发"哆来咪"的功能。当按下 K5 时，发"哆"的音，数码管显示"1"；当按下 K6 时，发"来"的音，数码管显示"2"；当按下 K7 时，发"咪"的音，数码管显示"3"。程序代码如下。

```
#include <reg51.h>
unsigned char code seg_tab[] = {0x3f,0x06,0x5b,0x4f,0x66,0x6d,0x7d,0x07,
                    0x7f,0x6f,0x77,0x7c,0x39,0x5e,0x79,0x71};
                                                    // 共阴极数码管段码
unsigned char code test_code[] = {0x7f,0xbf,0xdf,0xef}; // 行扫描用的值
unsigned int FreqTable[]={0,
    63628,63835,64021,64103,64260,64400,64528,
    64580,64684,64777,64820,64898,64968,65030,
    65058,65110,65157,65178,65217,65252,65283};     // 低音1到高音7的
                                                    // 定时/计数器初值

sbit BEEP=P2^0;
unsigned char KeyNum;
unsigned char High,Low;
```

```
void delay(unsigned int num)
{
    unsigned int x,y;
    for(x=num;x>0;x--)
        for(y=110;y>0;y--);
}
void Time0_Init()
{
    TMOD=0x01;
    TH0=0;
    TL0=0;
    ET0=1;
    EA=1;
    TR0=0;
}
unsigned char Key_Scan()          // 按键扫描程序
{
    unsigned char i,KeyNumber;
    for(i=0;i<4;i++)
    {
        P1 = test_code[i];        // 输出行扫描用的值
        switch(P1)                // 读入 P1 口的特征值
        {
            case 0x77:KeyNumber=0;break;
            case 0x7b:KeyNumber=1;break;
            case 0x7d:KeyNumber=2;break;
            case 0x7e:KeyNumber=3;break;
            case 0xb7:KeyNumber=4;break;
            case 0xbb:KeyNumber=5;break;
            case 0xbd:KeyNumber=6;break;
            case 0xbe:KeyNumber=7;break;
            case 0xd7:KeyNumber=8;break;
            case 0xdb:KeyNumber=9;break;
            case 0xdd:KeyNumber=10;break;
            case 0xde:KeyNumber=11;break;
            case 0xe7:KeyNumber=12;break;
            case 0xeb:KeyNumber=13;break;
            case 0xed:KeyNumber=14;break;
            case 0xee:KeyNumber=15;break;
        }
    }
    return KeyNumber;
}
void main(void)
{
    unsigned char num=0;
    P0=0x40;                                    // 数码管显示 "-"
```

```
    BEEP=0;
    Time0_Init();
    while(1)
    {
        unsigned char scan;
        P1=0xf0;                        // 行线都输出高电平，列线都输出低电平
        scan=P1;
        if((scan&0xf0)!= 0xf0)          // 判断按键是否按下，条件成立代表有键按下
        {
            delay(10);                  // 延时 10ms 消抖
            if((scan&0xf0)!= 0xf0)      // 再次判断按键是否按下
            {
                KeyNum=Key_Scan();      // 调用键盘扫描子程序返回键值
                switch(KeyNum)
                {
                    case 4:num=8;P0=seg_tab[KeyNum-3];break;      // 中音 1
                    case 5:num=9;P0=seg_tab[KeyNum-3];break;      // 中音 2
                    case 6:num=10;P0=seg_tab[KeyNum-3];break;     // 中音 3
                    default:num=0;break;
                }
                if(num)
                {
                    High=FreqTable[num]/256;
                    Low=FreqTable[num]%256;
                    TR0=1;
                }
                else
                {
                    TR0=0;
                }
            }
        }
    }
}
void Timer0()interrupt 1
{

    static unsigned int count=0;
    TH0=High;
    TL0=Low;
    BEEP=!BEEP;
    count++;
    if(count== 400)
    {
        count=0;
        TR0=0;
    }
}
```

任务 5.4 简易电子琴的设计

根据矩阵键盘识别检测的原理，以 AT89C51 单片机为核心器件，利用矩阵键盘和蜂鸣器实现单片机简易电子琴的设计。该系统通过单片机控制，实现对 4×4 键盘扫描进行实时的按键检测，并将每一个按键与音符对应，实现简易电子琴的设计。

5.4 简易电子琴设计

5.4.1 C 语言基本语句

电子琴的工作原理与单片机发"哆来咪"类似，单片机发"哆来咪"只用到矩阵键盘中的三个按键，本任务将扩展为矩阵键盘的 16 个按键全部使用，利用程序控制矩阵键盘每一个按键按下时蜂鸣器发出声响的频率高低。

本任务程序中需要用到的 C 语言基本语句见表 5-2。

表 5-2 C 语言基本语句

语句	解释

if（逻辑表达式）
{
　　语句体 1；
}
else
{
　　语句体 2；
}
	如果逻辑表达式成立
	　　　　执行语句体 1
	否则
	　　　　执行语句体 2
	
	（else 可以不写）

while（逻辑表达式）
{
　　循环体；
}
	当逻辑表达式成立时
	　　　　执行循环体
	执行后再次判断
	若还成立则继续执行
	直到表达式不成立

for（初始化；逻辑表达式；更改条件）
{
　　循环体；
}
	先执行初始化，再判断逻辑表达式
	若成立，则执行循环体
	执行后更改条件，再判断逻辑表达式
	直到表达式不成立

switch（变量）
{
　　case 常量 1：语句体 1；break；
　　case 常量 2：语句体 2；break；
　　……
　　default：语句体；break；
}
	将变量与 case 后的各个常量对比
	若相等，则执行相应的语句体
	若没有一个相等，则执行 default 后的语句体
	（default 可以不写）

5.4.2 简易电子琴硬件设计

简易电子琴电路如图 5-10 所示。单片机 P1.7 ～ P1.4 连接矩阵键盘的 4 条行线，P1.3 ～ P1.0 连接矩阵键盘的 4 条列线，P2.0 连接蜂鸣器。

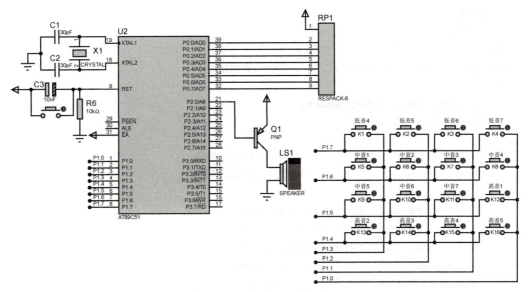

图 5-10　简易电子琴电路

5.4.3　简易电子琴软件设计

该任务利用 16 个矩阵按键实现了简易电子琴的功能。当按键 K5 ～ K11 按下时，发中音部分的 1、2、3、4、5、6、7 的音；当按键 K1 ～ K4 按下时，发低音 4、5、6、7 的音；当按键 K12 ～ K16 按下时，发高音 1、2、3、4、5 的音。程序代码如下。

```c
#include <reg51.h>
unsigned char code test_code[] = {0x7f,0xbf,0xdf,0xef}; // 行扫描用的值
unsigned int FreqTable[]={0,
    63628,63835,64021,64103,64260,64400,64528,
    64580,64684,64777,64820,64898,64968,65030,    // 低音1到高音7的定
    65058,65110,65157,65178,65217,65252,65283};   // 时/计数器初值

sbit BEEP=P2^0;
unsigned char KeyNum;
unsigned char High,Low;

void delay(unsigned int num)
{
    unsigned int x,y;
    for(x=num;x>0;x--)
        for(y=110;y>0;y--);
}
void Time0_Init()
{
    TMOD|=0x01;
    TH0=0;
    TL0=0;
    ET0=1;
```

```
    EA=1;
    TR0=0;
}
unsigned char Key_Scan()        // 按键扫描程序
{
    unsigned char i,KeyNumber;
    for(i=0;i<4;i++)
    {
        P1 = test_code[i];      // 输出行扫描用的值
        switch(P1)              // 读入 P1 口的特征值
        {
            case 0x77:KeyNumber=0;break;
            case 0x7b:KeyNumber=1;break;
            case 0x7d:KeyNumber=2;break;
            case 0x7e:KeyNumber=3;break;
            case 0xb7:KeyNumber=4;break;
            case 0xbb:KeyNumber=5;break;
            case 0xbd:KeyNumber=6;break;
            case 0xbe:KeyNumber=7;break;
            case 0xd7:KeyNumber=8;break;
            case 0xdb:KeyNumber=9;break;
            case 0xdd:KeyNumber=10;break;
            case 0xde:KeyNumber=11;break;
            case 0xe7:KeyNumber=12;break;
            case 0xeb:KeyNumber=13;break;
            case 0xed:KeyNumber=14;break;
            case 0xee:KeyNumber=15;break;
        }
    }
    return KeyNumber;
}
void main(void)
{
    unsigned char num=0;
    P0=0x40;                            // 数码管显示 "-"
    BEEP=0;
    Time0_Init();
    while(1)
    {
        unsigned char scan;
        P1=0xf0;                        // 行线都输出高电平，列线都输出低电平
        scan=P1;
        if((scan&0xf0)!= 0xf0)          // 判断是否有键按下，条件成立代表有键按下
        {
            delay(10);                  // 延时 10ms 消抖
            if((scan&0xf0)!= 0xf0)      // 再次判断是否有键按下
            {
```

```
            KeyNum=Key_Scan();          // 调用键盘扫描子程序返回键值
            switch(KeyNum)
            {
                case 1:num=5;break;     // 低音 5
                case 2:num=6;break;     // 低音 6
                case 3:num=7;break;     // 低音 7
                case 4:num=8;break;     // 中音 1
                case 5:num=9;break;     // 中音 2
                case 6:num=10;break;    // 中音 3
                case 7:num=11;break;    // 中音 4
                case 8:num=12;break;    // 中音 5
                case 9:num=13;break;    // 中音 6
                case 10:num=14;break;   // 中音 7
                case 11:num=15;break;   // 高音 1
                case 12:num=16;break;   // 高音 2
                case 13:num=17;break;   // 高音 3
                case 14:num=18;break;   // 高音 4
                case 15:num=19;break;   // 高音 5
                default:num=0;break;
            }
            if(num)
            {
                High=FreqTable[num]/256;
                Low=FreqTable[num]%256;
                TR0=1;
            }
            else
            {
                TR0=0;
            }
        }
    }
}


void Timer0()interrupt 1
{
    static unsigned int count=0;
    TH0=High;
    TL0=Low;
    BEEP=!BEEP;
    count++;
    if(count== 400)
    {
        count=0;
        TR0=0;
    }
}
```

请搜索中华人民共和国国歌——《义勇军进行曲》的简谱，并利用本任务制作的简易电子琴，完整地弹奏出国歌。

任务 5.5　扩展训练　电子密码锁设计

利用矩阵键盘和 LCD1602 设计一个基于单片机的电子密码锁。该系统通过单片机控制，对 4×4 键盘扫描进行实时的按键检测，实现四位密码的输入，把相关的显示内容显示在 LCD1602 上，并可实现清 0。

5.5.1　电子密码锁硬件设计

电子密码锁电路如图 5-11 所示。单片机 P1.7 ～ P1.4 连接矩阵键盘的 4 条行线；P1.3 ～ P1.0 连接矩阵键盘的 4 条列线；P0 口连接 LCD1602，用来显示密码及其他内容。

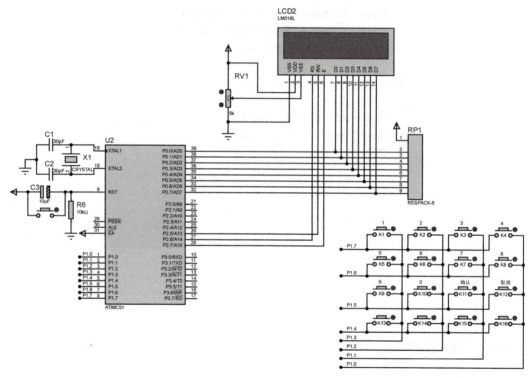

图 5-11　电子密码锁电路

5.5.2　电子密码锁软件设计

该任务实现了电子密码锁的功能，参考程序给出的正确密码为 2345。按键 K1 ～ K9 按下分别代表输入数字 1 ～ 9，按键 K10 按下代表输入数字 0，按键 K11 为确认键，按键 K12 为取消键。当输入完 4 位数密码，按下确认键时，若密码正确，则 LCD1602 会显示"OK"；若密码错误，则 LCD1602 显示"ERR"；输入密码过程中，若中途输入错误想重新输入，则按下取消键即可。

```c
#include <reg51.h>
#define LCD_DataPort P0
sbit LCD_RS=P2^6;
sbit LCD_RW=P2^5;
sbit LCD_E=P2^7;
sbit Column1=P1^3;
sbit Column2=P1^2;
sbit Column3=P1^1;
sbit Column4=P1^0;
sbit Line1=P1^7;
sbit Line2=P1^6;
sbit Line3=P1^5;
sbit Line4=P1^4;
unsigned char KeyNum;
unsigned int Password,Count;
void delay(unsigned int num)
{
    unsigned int x,y;
    for(x=num;x>0;x--)
        for(y=110;y>0;y--);
}
unsigned char MatrixKey()
{
    unsigned char KeyNumber=0;
    P1=0xff;
    Column1=0;
    if(Line1==0){delay(10);while(Line1==0);delay(10);KeyNumber=1;}
    if(Line2==0){delay(10);while(Line2==0);delay(10);KeyNumber=5;}
    if(Line3==0){delay(10);while(Line3==0);delay(10);KeyNumber=9;}
    if(Line4==0){delay(10);while(Line4==0);delay(10);KeyNumber=13;}

    P1=0xff;
    Column2=0;
    if(Line1==0){delay(10);while(Line1==0);delay(10);KeyNumber=2;}
    if(Line2==0){delay(10);while(Line2==0);delay(10);KeyNumber=6;}
    if(Line3==0){delay(10);while(Line3==0);delay(10);KeyNumber=10;}
    if(Line4==0){delay(10);while(Line4==0);delay(10);KeyNumber=14;}

    P1=0xff;
    Column3=0;
    if(Line1==0){delay(10);while(Line1==0);delay(10);KeyNumber=3;}
    if(Line2==0){delay(10);while(Line2==0);delay(10);KeyNumber=7;}
    if(Line3==0){delay(10);while(Line3==0);delay(10);KeyNumber=11;}
    if(Line4==0){delay(10);while(Line4==0);delay(10);KeyNumber=15;}

    P1=0xff;
    Column4=0;
```

```
    if(Line1==0){delay(10);while(Line1==0);delay(10);KeyNumber=4;}
    if(Line2==0){delay(10);while(Line2==0);delay(10);KeyNumber=8;}
    if(Line3==0){delay(10);while(Line3==0);delay(10);KeyNumber=12;}
    if(Line4==0){delay(10);while(Line4==0);delay(10);KeyNumber=16;}

    return KeyNumber;
}
void LCD_WriteCommand(unsigned char Command)
{
    LCD_RS=0;
    LCD_RW=0;
    LCD_DataPort=Command;
    LCD_E=1;
    delay(1);
    LCD_E=0;
    delay(1);
}
void LCD_WriteData(unsigned char Data)
{
    LCD_RS=1;
    LCD_RW=0;
    LCD_DataPort=Data;
    LCD_E=1;
    delay(1);
    LCD_E=0;
    delay(1);
}
void LCD_Init(void)
{
    LCD_WriteCommand(0x38);
    LCD_WriteCommand(0x0c);
    LCD_WriteCommand(0x06);
    LCD_WriteCommand(0x01);
}
void LCD_SetCursor(unsigned char Line,unsigned char Column)
{
    if(Line==1)
    {
        LCD_WriteCommand(0x80|(Column-1));
    }
    else if(Line==2)
    {
        LCD_WriteCommand(0x80|(Column-1+0x40));
    }
}
void LCD_ShowString(unsigned char Line,unsigned char Column,unsigned
char String[])
```

```
{
    unsigned char i;
    LCD_SetCursor(Line,Column);
    for(i=0;String[i]!='\0';i++)
    {
        LCD_WriteData(String[i]);
    }
}
int LCD_Pow(int X,int Y)
{
    unsigned char i;
    int Result=1;
    for(i=0;i<Y;i++)
    {
        Result*=X;
    }
    return Result;
}
void LCD_ShowNum(unsigned char Line,unsigned char Column,unsigned int
Number,unsigned char Length)
{
    unsigned char i;
    LCD_SetCursor(Line,Column);
    for(i=Length;i>0;i--)
    {
        LCD_WriteData(0x30+Number/LCD_Pow(10,i-1)%10);


    }
}
void main(void)
{
    LCD_Init();
    LCD_ShowString(1,1,"Password:");
    while(1)
    {
        KeyNum=MatrixKey();
        if(KeyNum)
        {
            if(KeyNum<=10)                        // K1 ～ K10 按下，输入密码
            {
                if(Count<4)                       // 输入次数小于 4
                {
                    Password*=10;                 // 密码左移 1 位
                    Password+=KeyNum%10;          // 获取 1 位密码
                    Count++;    // 计次加 1
                }
                LCD_ShowNum(2,1,Password,4);      // 更新显示
```

```
        }
        if(KeyNum==11)                          // K11 按下，确认
        {
            if(Password==2345)                  // 输入密码正确
            {
                LCD_ShowString(1,14,"OK ");     // 显示 "OK"
                Password=0;                     // 密码清 0
                Count=0;                        // 计次清 0
                LCD_ShowNum(2,1,Password,4);    // 更新显示
            }
            else
            {
                LCD_ShowString(1,14,"ERR");     // 显示 "ERR"
                Password=0;                     // 密码清 0
                Count=0;                        // 计次清 0
                LCD_ShowNum(2,1,Password,4);    // 更新显示
            }
        }
        if(KeyNum==12)                          // K12 按下，取消
        {
            Password=0;                         // 密码清 0
            Count=0;                            // 计次清 0
            LCD_ShowNum(2,1,Password,4);        // 更新显示
        }
    }
}
```

项目小结

本项目介绍了矩阵键盘的结构以及矩阵键盘检测的行列扫描法、线反转法，利用矩阵键盘发"哆来咪"、设计简易电子琴，还介绍了电子密码锁的设计。

课后练习

一、填空题

1. 在数据的定义中，关键字 code 是为了把数组 tab 存储在_____。

2. 常用的矩阵键盘识别检测方法有_____、_____。

二、选择题

1. 某一应用系统需要扩展 12 个功能键，采用（   ）方式更好。

A. 独立按键　　　　B. 矩阵键盘　　　　C. 动态键盘　　　　D. 静态键盘

2. 下列关于矩阵键盘的描述错误的是（   ）。

A. 一条 I/O 线控制一个按键

B. 矩阵键盘也需要消抖处理

C. 按键位于行线和列线的交叉点上

D. 矩阵键盘编程较复杂，需要使用行列扫描法或线反转法

3. 单片机系统中获得矩阵键盘键值的方法不包括（　　　）。

A. 行扫描　　　　　　B. 列扫描　　　　　　C. 行列扫描法　　　　　D. 线反转法

4. 下列关于判断按键释放的说法错误的是（　　　）。

A. 与判断按键是否按下的判断条件相反

B. 也需要消抖处理

C. 需要用循环等待按键释放

D. 是否判断按键释放对按键的应用没有影响

5. 按键通常是机械弹性开关，当按键按下和断开时，触点在闭合和断开瞬间会产生抖动，消抖常采用的方法有（　　　）。

A. 硬件消抖　　　　　　　　　　　B. 软件消抖

C. 硬、软件两种方法　　　　　　　　D. 单稳态电路消抖方法

三、问答题

1. 独立按键和矩阵键盘分别具有什么特点？分别适用于什么场合？

2. 简述利用行列扫描法进行按键检测的原理。

3. 简述利用线反转法进行按键检测的原理。

项目 6　温度检测报警系统设计

项目导读

在日常生活及工农业生产中，经常用到温度的检测及控制，传统的测温元件有热电偶和热电阻，而热电偶和热电阻测量的一般都是电压信号，需要进行转换，才能得到对应的温度，这样的测温元件需要较多的外部硬件电路支持，电路相对复杂，软件调试难度较大，制作成本较高。而采用 DS18B20 作为测温元件，测温范围为 –55 ～ 125℃，最大分辨率可达 0.0625℃，有效满足日常测温需要。DS18B20 采用 3 线制与单片机相连，可以直接读出被测温度值，减少了外部硬件电路，具有低成本和易使用的特点。本项目将搭建基于单片机的温度检测报警系统，了解并掌握 DS18B20 与单片机的串行通信原理及实现。

项目目标

知识目标	1. 掌握单片机串行口的内部结构 2. 掌握主要的控制寄存器，如 SCON、SBUF 等 3. 掌握串行通信各种工作方式的设定方法 4. 掌握 DS18B20 的基本使用方法
技能目标	1. 能正确运用与串行通信有关的寄存器 2. 能正确设定通信方式和比特率等 3. 能编写串行通信程序 4. 能按要求设计系统软硬件并仿真
素养目标	1. 具有勇于奋斗、乐观向上的精神 2. 具有自我管理能力、职业生涯规划的意识，有较强的集体意识和团队合作精神

任务 6.1　认识串行口

我们一直用"跨越时空的交流"来形容通信。改革开放以来，我国经济突飞猛进，通信方式也发生了翻天覆地的变化：由写信到打电话，再到现在的手机和网络等，通信方式的变迁改变着我们的生活，让我们的生活更加便捷美好，也启示我们要坚持用发展的眼光看问题。

6.1 串口概述

随着多微机系统的广泛应用和计算机网络技术的普及，计算机的通信功能越来越重要。计算机通信是将计算机技术和通信技术相结合，完成计算机与外部设备或计算机与计算机之间的信息交换。通信方式有并行通信和串行通信两种。多微机系统和现代测控系统中，信息的交换多采用串行通信方式。

6.1.1　串行通信基础知识

1. 并行通信和串行通信

单片机与外界进行信息交换的过程统称为通信。

不同通信方式下单片机与外设之间的连接方式和数据传送方式不同，这就导致不同通信方式的特点和适用范围也不同。根据单片机与外设之间连接方式和数据传送方式的不同，将通信方式分为并行通信和串行通信。

并行通信是指数据的各位同时发送或接收，每个数据位使用单独的一条导线。并行通信的特点是数据各位同时传送，传送速度快、效率高，但并行通信需要较多数据线。

串行通信是指数据一位接一位顺序发送或接收。串行通信的特点是数据传送按位顺序进行，最少只需一根传输线即可完成，成本低但传送速度慢，一般适用于较长距离传送数据。

一般可根据数据通信的距离决定采用哪种通信方式。例如，个人计算机与外设通信，当距离小于 30m 时可采用并行通信方式；当距离大于 30m 时，则要采用串行通信方式。AT89C51 单片机具有并行和串行两种基本的通信方式。图 6-1a 所示为 AT89C51 与外设间进行 8 位数据并行通信的连接。图 6-1b 所示为串行通信的连接。

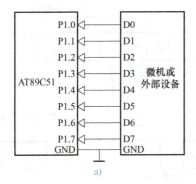
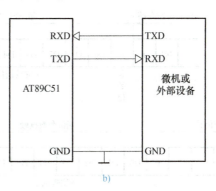

图 6-1　两种通信方式的连接

a）并行通信　b）串行通信

2. 异步通信和同步通信

串行通信有同步通信和异步通信两种基本方式。

（1）同步通信

同步通信要求用时钟实现发送端与接收端之间的同步。为了保证接收无误，发送端除了传送数据外，还要同时传送时钟信号。同步通信在传送正式数据前先发送 1～2 个同步字符，可携带时钟信息，这相当于一种呼叫，在传送同步数据流期间，接收端实现与发送端的时钟同步。然后开始正式数据传送，数据块连续传送，字符之间没有间隔，每个字符也没有起始位和停止位。同步通信的数据格式如图 6-2 所示。

同步字符可以用 ASCII 码中规定的 SYNC 码（16H）表示，也可以由通信双方约定为任意内容。进行同步通信时，发送端先发送同步字符，接收端检测到同步字符后，准备接收后续的数据流。为了保证正确接收，发送端除了传送数据外，还要同时传送同步时钟信号。同步通信省去了字符开始和结束标志，而且字符之间没有停顿，其传送速度高于异步通信，但对硬件结构要求比较高。

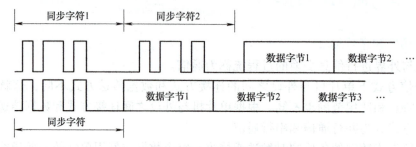

图 6-2　同步通信的数据格式

（2）异步通信

在异步通信方式下，数据以字符为单位发送和接收。一个字符又称为一个字符帧，每个字符还要加上起始位和停止位，称为一个数据帧。数据帧的格式如图 6-3 所示。在数据帧中，一个字符由四个部分组成：起始位、数据位、奇偶校验位和停止位。当发送端不发送数据时，发送引脚为高电平。数据帧中，首先是低电平的起始位，其次是 8 位数据（低位在前），接着是奇偶校验位（可以省略），最后是高电平的停止位。起始位用于通知接收端开始接收，奇偶校验位用于校验接收是否正确，停止位用于告知一帧结束。

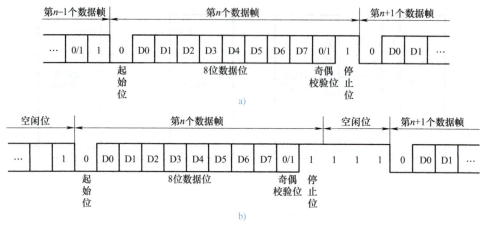

图 6-3　数据帧的格式
a）无空闲位　b）有空闲位

进行数据传输时，数据帧之间可以有任意停顿，发送端和接收端各自使用本身的时钟。"异步"的本质是指在传送一个数据块时，收发双方在每个帧的处理过程中不同步，不依赖同一个时钟源。但通信双方必须约定帧格式和比特率。发送端通过起始位通知接收端准备接收随后的各数据位，在一帧的传送过程中双方对每个二进制位的确认要根据约定的比特率进行。只要在一帧数据的收发过程中双方的时钟不产生大的偏差，就能正确实现数据传输，因此异步通信对时钟同步的要求不像同步通信那么严格。异步通信对硬件环境要求较低，因此得到了广泛的应用。

显然，在异步通信方式下，1 字节数据加上起始位、停止位，至少要 10 位。若再加上奇偶校验位，则每帧为 11 位。这些添加的位本身不是数据信息，因此异步通信的传输效率比较低。

3. 比特率

在串行通信中，发送端和接收端之间除了采用相同的字符帧格式（异步通信）或相同的同步字符（同步通信）来协调同步工作外，两者之间发送数据的速度和接收数据的速度也必须相同，这样才能保证数据传送成功。

串行通信中表示数据传送速度的物理量为比特率，是指单位时间内传送的信息量，以每秒传送的位数表示，单位为 bit/s。因此传送每位的时间 T_d=1/ 比特率。

【例 6-1】 假设数据的传送速度是 120 字符 /s，每个字符格式包含 10 位（1 个起始位、1 个停止位、8 个数据位），试计算数据通信的比特率。

解： 比特率为

$$120 字符 /s \times 10bit/ 字符 =1200bit/s$$

【例 6-2】 设单片机以 1200bit/s 的比特率发送 120 字节的数据，每帧 10 位，试计算至少需要多长时间。

解： 当帧与帧之间无等待间隔时，时间最短，所需传送的位数为

$$10 \times 120bit=1200bit$$

因此所需时间至少为

$$T = \frac{1200bit}{1200bit/s} = 1s$$

4. 串行通信的制式

串行通信中，信息数据在通信线路两端的通信设备之间传递，按照数据传递方向和两端通信设备所处的工作状态，可将串行通信分为单工、半双工和全双工三种工作方式。

1）单工方式。在单工方式下，通信线的 A 端只有发送器，B 端只有接收器，如图 6-4 所示。信息数据只能单方向传送，即只能由 A 端传送到 B 端，而不能反传。

2）半双工方式。在半双工方式中，通信线路两端的设备都有一个发送器和一个接收器，如图 6-5 所示。数据可双方向传送，但不能同时传送，即 A 端发送 B 端接收或 B 端发送 A 端接收，A、B 两端的发送器 / 接收器只能通过半双工通信协议切换交替工作。

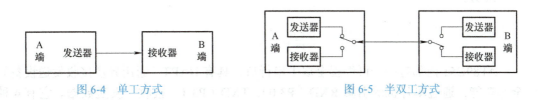

图 6-4 单工方式   图 6-5 半双工方式

3）全双工方式。在全双工方式下，通信线路 A、B 两端都有发送器和接收器，A、B 之间有两个独立的通信回路，两端数据允许同时发送和接收，因此通信效率比单工和半双工方式要高。全双工方式下至少要有三条传输线，一条用于发送，一条用于接收，一条用于公用信号地，如图 6-6 所示。

5. 串行通信数据的校验

串行通信的目的不只是传送数据信息，更关键的是要进行准确无误的传送。为此需要

对传送的数据进行检验和改正，以保证信息的准确性。常用的方法有奇偶校验、和校验、异或校验、循环冗余校验（CRC）等。

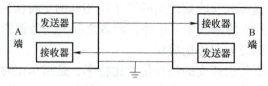

图 6-6　全双工方式

（1）奇偶校验

奇偶校验的特点是按字符校验。发送端发送数据时，在每一个字符的最高位之后都附加一个奇偶校验位（1 或 0），使被传送字符（包括奇偶校验位）中含 1 的个数为偶数（偶校验）或为奇数（奇校验）。接收端按照发送端所确定的奇偶性，对接收的每一个字符进行校验，若奇偶性一致则传送正确，若不一致则说明传送出错。奇偶校验只能检测到影响奇偶位数的错误，比较低级，速度较慢，一般只用在异步通信中。

（2）和校验

和校验是针对数据块的校验。发送端发送数据块时，对块中的数据求算术和，然后将产生的单字节算术和作为校验字符，附加到数据块的结尾传给接收端。接收端对收到的数据块按与发送端相同的方法求算术和，其结果与接收到的校验字符比较，若两者相同则表示传送正确，若不同则表示传送出错。和校验的缺点是无法检验出字节排序的错误。

（3）异或校验

异或校验与和校验类似，也是针对数据块的校验。发送端发送数据块时，对块中的数据进行逻辑异或，然后将产生的单字节异或结果作为校验字符，附加到数据块的结尾传给接收端。接收端对收到的数据块和校验字符依次求异或，若结果为 0 则表示传送正确，若不为 0 则表示传送出错。异或校验同样无法检验出字节排序的错误。

（4）循环冗余校验

循环冗余校验对一个数据块校验一次，它被广泛地应用于同步串行通信方式中，例如对磁盘信息的读写、对 ROM 或 RAM 的完整性的校验等。

除上述 4 种常用方法外，还有海明码校验、交叉奇偶校验等其他校验方法，这里不再一一说明。

6.1.2　AT89C51 的串行口

AT89C51 内部有一个可编程全双工串行口，具有 UART（通用异步接收发送设备）的全部功能，通过单片机的引脚 RXD（P3.0）、TXD（P3.1）接收、发送数据。它有 4 种运行模式，既可以作为 UART 进行远距离数据通信，也可以作为同步移位寄存器使用；既支持点对点通信，也支持多机通信网络；既可以使用内部定时 / 计数器产生可变的比特率，也可以使用固定比特率。多种运行模式提供了应用上的灵活性，使串行口具有广泛的适应范围。

1. 串行口内部结构

AT89C51 串行口内部结构如图 6-7 所示，主要由发送 SBUF、发送控制器、输出控制门、接收控制器、接收移位寄存器和接收 SBUF 等部分组成。有三个相关的专用寄存器，分别为串行口控制寄存器 SCON、串行口收发缓冲寄存器 SBUF、电源控制寄存器 PCON。外部引脚上有专门的发送引脚 TXD 和接收引脚 RXD，内部有利用定时/计数器 T1 产生比特率的特殊机制。

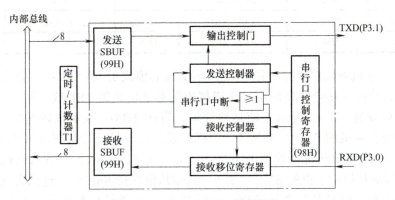

图 6-7　AT89C51 串行口内部结构

（1）发送器

发送器主要由发送 SBUF 和发送控制器组成。发送 SBUF 用于存放将要发出的字符数据，发送控制器用于产生发送开始命令和移位控制脉冲，使发送 SBUF 串行移位发送字符数据，并产生中断申请。

（2）接收器

接收器主要由接收 SBUF、接收移位寄存器和接收控制器组成。接收 SBUF 用于存放接收到的字符，接收控制器用于产生接收同步命令和移位脉冲，控制接收移位寄存器移位接收串行字符。

串行口的发送和接收操作均通过特殊功能寄存器 SBUF 进行，寻址地址均为 99H，但在 SBUF 内部，接收 SBUF 和发送 SBUF 在物理结构上是完全独立的。若 CPU 写 SBUF 数据，则送入发送 SBUF 准备发送；若 CPU 读 SBUF 数据，则读入的数据一定来自接收 SBUF。CPU 对 SBUF 的读写，实际上是分别访问了两个不同的寄存器。

2. 串行口的控制

AT89C51 用于串行控制的寄存器是串行口控制寄存器 SCON，另外电源控制寄存器 PCON 的某些位也与串行口工作有关。

（1）串行口控制寄存器 SCON

串行口控制寄存器 SCON 用于设置串行口的工作方式、监视串行口工作状态等，它是一个既可字节寻址又可位寻址的特殊功能寄存器。SCON 的格式见表 6-1。各位的功能如下。

表 6-1　SCON 的格式

位名称	SM0	SM1	SM2	REN	TB8	RB8	TI	RI
位地址	9FH	9EH	9DH	9CH	9BH	9AH	99H	98H

1）SM0、SM1：串行口工作模式选择位。串行口工作模式共有 4 种，见表 6-2。

表 6-2 串行口工作模式

SM0	SM1	工作模式	功能说明	帧长度	比特率	多机通信
0	0	模式 0	同步移位寄存器	8 位	$f_{osc}/12$	不支持
0	1	模式 1	8 位 UART	10 位	可变	不支持
1	0	模式 2	9 位 UART	11 位	$f_{osc}/64$ 或 $f_{osc}/32$	支持
1	1	模式 3	9 位 UART	11 位	可变	支持

2）SM2：多机通信控制位，主要应用于模式 2 和模式 3。若 SM2=1，则允许多机通信。

在多机通信应用场合，要使用发送或接收的第 9 位数据 TB8 或 RB8。在主从式多机通信中，主机发送 TB8=1 表示该帧是地址帧，发送 TB8=0 表示该帧是数据帧。进行多机通信时，所有从机的 SM2 位都置 1。主机先发送地址帧，即数据字节为从机号，且第 9 位 TB8 为 1。所有从机都会收到该字节，且第 9 位进入 RB8 位。各从机核对地址信息，只有地址相符的从机使本机的 SM2 位清 0，其他从机保持 SM2=1，这就完成了选呼过程。随后主机发送数据信息且第 9 位 TB8=0，只有 SM2=0 的从机可接收这些随后数据信息，而其他从机不会被中断。

模式 1 只支持点对点通信，若某通信方的 SM2=1，则只有当接收到有效停止位后才将接收中断标志 RI 置 1。模式 0 时 SM2 位必须为 0。

3）REN 位：允许接收控制位，可由软件控制。REN=1 时允许接收，REN=0 时禁止接收。REN 位相当于串行接收的开关。

4）TB8 位：发送的第 9 位数据。在模式 2 和模式 3 中使用该位，以区别地址帧或数据帧。由于写入 SBUF 就启动发送过程，因此应先用软件装载 TB8，再将数据写入 SBUF。如果在点对点通信中要采用奇偶校验方式，也可以使用模式 2 和模式 3，利用 TB8 发送奇偶校验位，接收端利用 RB8 进行接收校验。在模式 0 和模式 1 中，不使用 TB8。

5）RB8 位：接收到的第 9 位数据，在模式 2 和模式 3 中使用该位。若为多机通信，RB8=1 表示接收到地址帧，RB8=0 表示接收到数据帧。若为双机通信，则 RB8 为接收到的奇偶校验位。在模式 1 中，若 SM2=0，则 RB8 中存放的是收到的停止位。在模式 0 中，不使用 RB8。

6）TI 位：发送中断标志。在模式 0 串行发送第 8 位结束或其他模式下开始发送停止位时由硬件置位。TI=1 可作为中断请求标志，也可由软件查询。TI=1 表示发送 SBUF 已空，提示 CPU 可以发送下一字节。中断响应后 TI 并不能自动清除，为了避免出错，必须用软件清除该位。

7）RI 位：接收中断标志。在接收到一帧有效数据后由硬件置位。在模式 1、2、3 中，接收到停止位时由硬件置位 RI。RI=1 表示已经接收到一个完整数据帧并装载到输出 SBUF 中，CPU 可以读取。RI 可作为中断请求标志，也可以由软件查询。与 TI 标志相同，RI 标志也不能因中断响应而自动被清除，也需要用软件指令来清除，以便准备接收下一帧数据。

（2）电源控制寄存器 PCON

电源控制寄存器 PCON 是 8 位寄存器，字节地址是 87H，单片机复位时 PCON=00H。PCON 的主要功能是实现字节控制，但它的最高位 SMOD 与串行口运行有关。PCON 的格式见表 6-3。

表 6-3　PCON 的格式

PCON	D7	D6	D5	D4	D3	D2	D1	D0
位名称	SMOD	—	—	—	GF1	GF0	PD	IDL

PCON 的低四位是 CMOS（互补金属氧化物半导体）器件掉电方式控制位，这里不做介绍。PCON 最高位 SMOD 为比特率倍增位。在模式 1、2、3 中，当 SMOD=1 时，比特率加倍；当 SMOD=0 时，比特率不加倍。

【例 6-3】　根据表 6-2，串行口工作在模式 2 时，比特率的计算有两个不同的计算公式。请问模式 2 的比特率什么时候是 $f_{osc}/64$？

解：当 SMOD=0 时，模式 2 的比特率是 $f_{osc}/64$。当 SMOD=1 时，比特率加倍，为 $f_{osc}/32$。

3. 串行口工作方式

AT89C51 串行口有 4 种工作方式，分别是方式 0、方式 1、方式 2 和方式 3，下面分别介绍各种工作方式的功能和特点。

（1）方式 0

方式 0 是同步移位寄存器工作方式，从引脚 RXD 输入 / 输出串行数据，引脚 TXD 输出同步移位时钟信号。每个机器周期发送或接收 1 位数据，比特率是 $f_{osc}/12$。方式 0 不适用于远距离串行通信，只适用于扩展并行 I/O 口。模式 0 的一帧数据为 8 位，没有起始位和停止位，数据输入 / 输出时，低位在前，高位在后。

发送时，当待发送的字节数据写入到发送 SBUF 后，从最低位开始按 $f_{osc}/12$ 的比特率顺次出现在引脚 RXD 上，每发送 1 位，TDX 输出一个同步脉冲，发送完毕后 TI=1。

接收时，用软件置位 REN，即开始接收。外设的 8 个数据状态以串行的方式输入到单片机串行口的接收 SBUF 中，并可中断 CPU 读取该数据。

（2）方式 1

方式 1 是 10 位的 UART 工作方式，TXD 发送数据，RXD 接收数据。数据帧由 1 个起始位、8 个数据位、1 个停止位构成。接收时，停止位进入接收端 SCON 中的 RB8 位。在方式 1 下，可根据通信距离等因素调整比特率的大小，此时使用定时 / 计数器 T1 作为比特率发生器，比特率由定时 / 计数器 T1 的溢出率和 SMOD 的值共同决定。方式 1 串行通信数据帧的格式如图 6-8 所示。

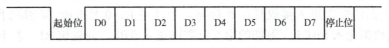

图 6-8　方式 1 串行通信数据帧的格式

在方式 1 下，数据从引脚 TXD 输出。当数据写入到发送 SBUF 中后，就启动发送过程。数据位在引脚上停留的时间取决于所设定的比特率。当全部 8 位数据发送完毕后，TI=1，可向 CPU 请求中断，或者作为软件查询标志，CPU 在发送后续字节前应先清除该标志。

在接收端，数据从引脚 RXD 输入。在 REN=1 的条件下，数据位按照设定的比特率由低位到高位依次进入接收移位寄存器。CPU 将每个数据位分为 16 等份，并在第 7、8、9 等份处采样引脚 RXD 的电平，按照"3 中取 2"（例如，采样 3 次，其中 2 次为高电平，1 次为低电平，则确认为高电平）的原则对数据位电平进行判断，能较好地去除干扰的影响。确认了起始位后就开始接收数据帧。1 帧数据接收完毕后，在允许接收且 RI=0 的条件下，所接收到的 8 位数据从接收移位寄存器装载到输入 SBUF，同时置位接收中断标志位 RI。

当 SMOD=0 时，方式 1 比特率的计算公式为

$$方式1比特率 = \frac{T1的溢出率}{32}$$

当 SMOD=1 时，方式 1 比特率的计算公式为

$$方式1比特率 = \frac{2 \times T1的溢出率}{32}$$

式中，T1 的溢出率是指 T1 每 s 溢出次数。

（3）方式 2 和方式 3

方式 2 和方式 3 都是 11 位异步通信工作方式，它们的共同特点是发送和接收时具有第 9 位数据，正确运用 SM2 位能实现多机通信。它们的不同点是，方式 2 的比特率是固定的，由系统时钟频率和 SMOD 决定；而方式 3 的比特率由定时 / 计数器 T1 的溢出率和 SMOD 决定，可由用户在较大的范围内选择，以适应不同通信距离和应用场合的需要。方式 3 比特率的计算方法与方式 1 相同。

这两种方式下数据帧格式相同，都是 11 位，其中 1 个起始位、8 个数据位、1 个可编程设置的第 9 位、1 个停止位。发送时，第 9 位数据按需要装载到 TB8；接收时，第 9 位数据进入 RB8。方式 2 和方式 3 串行通信数据帧的格式如图 6-9 所示。

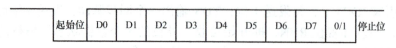

图 6-9　方式 2 和方式 3 串行通信数据帧的格式

图 6-9 中，第 9 位发送时是 TB8，接收时是 RB8。应注意，因为写入 SBUF 就启动发送，因此应先装载 TB8，然后再执行字节写入 SBUF 的操作。

发送时，先发送数据字节最低位 D0，接着次低位 D1，依次发送，发送完最高位 D7后，串行口自动提取 TB8，紧跟在 D7 后发送出去。1 帧数据发送完毕后，TI 置位，向 CPU 请求中断。TI 也可以作为软件查询标志。

接收时，置位 REN，允许接收。当检测到引脚 RXD 有负跳变时，开始接收 9 位串行数据，这些数据位顺次进入接收移位寄存器。当满足 RI=0 且 RB8 与 SM2 同为 0 或同为 1 时，前 8 位数据送入 SBUF，附加的第 9 位数据送入 RB8，并置位 RI。若不满足该条件，则本次接收无效，RI 也不置位。

4. 串行口的比特率设定

AT89C51 单片机串行通信的比特率随串行口工作方式不同而不同，它除了与系统时钟频率、电源控制寄存器 PCON 的 SMOD 位有关外，还与定时 / 计数器 T1 的设置有关。串行口的比特率反映了串行口传送数据的速度。通信比特率的选用，不仅与所选通信设备、传送距离和调制解调器型号有关，还受通信线状况所制约。用户应根据实际需要正确选用。

（1）方式 0 的比特率

在方式 0 下，串行口的比特率固定不变，仅与系统时钟频率 f_{osc} 有关，其值为

$f_{osc}/12$。

（2）方式 2 的比特率

在方式 2 下，比特率有两种：$f_{osc}/32$ 或 $f_{osc}/64$。用户可以根据 PCON 中 SMOD 位的状态来选定串行口在哪个比特率下工作，选定公式为

$$比特率 = \frac{2^{SMOD}}{64}f_{osc}$$

若 SMOD=0，则所选比特率为 $f_{osc}/64$；若 SMOD=1，则比特率为 $f_{osc}/32$。

（3）方式 1 和方式 3 的比特率

在这两种工作方式下，串行口比特率是由定时 / 计数器 T1 或 T2（仅 8052 系列单片机有）的溢出率和 SMOD 决定的，因此要确定比特率，关键是要计算定时 / 计数器 T1 或 T2 的溢出率，T1 或 T2 是可编程的，可选的比特率的范围很大，因此这是常用的工作方式。

8051 系列单片机没有定时 / 计数器 T2，因此比特率只能由 T1 产生。对于 8052 系列单片机，专用寄存器 T2CON 的 RCLK=0 时接收比特率由 T1 产生，RCLK=1 时，接收比特率由 T2 产生；T2CON 的 TCLK=0 时发送比特率由 T1 产生，TCLK=1 时发送比特率由 T2 产生。以下只讨论由定时 / 计数器 T1 产生比特率的情况。

当定时 / 计数器 T1 用作比特率发生器时，应禁止 T1 中断。通常 T1 工作于定时方式（TMOD 的 D6=0），T1 的计数脉冲为时钟频率的 12 分频信号。

在这两种工作方式下，比特率的计算公式为

$$比特率 = \frac{2^{SMOD}}{32} \times T1\ 的溢出率$$

T1 的溢出率与 T1 的工作方式有关，可通过改变片内特殊功能寄存器 TMOD 中 T1 字段的 M1、M0 两位，即 TMOD 第 5 位和第 4 位，可以设置定时 / 计数器 T1 的 4 种工作方式（当定时 / 计数器处于方式 3 时，相当于 TR1=0，停止计数，因此 T1 实际上只有方式 0、1、2 三种工作方式）。以下只讨论定时 / 计数器 T1 处于方式 2 时溢出率的计算。

定时 / 计数器 T1 由两个 8 位计数器 TH1 和 TL1 构成，当 T1 处于方式 2 时，为自动重装初值 8 位计数器，它使用 TL1 计数，溢出后自动将 TL1 加 1，当 TL1 增至 FFH 时，再加 1 就产生溢出。可见，定时 / 计数器 T1 的溢出率不仅与系统时钟频率 f_{osc} 有关，还与每次溢出后 TL1 的重装初值 N 有关，N 越大，定时 / 计数器 T1 的溢出率也就越大。有一种极限情况是：若 N=FFH，那么每隔 12 个时钟周期，定时 / 计数器 T1 就溢出 1 次。对于一般情况，定时 / 计数器 T1 溢出 1 次所需的时间为

$$(2^8 - N) \times 12 \times 时钟周期 = (2^8 - N) \times 12 \times \frac{1}{f_{osc}}$$

实际计算时，T1 的溢出率为

$$T1\ 的溢出率 = \frac{f_{osc}}{12}\left(\frac{1}{2^K - 初值}\right)$$

式中，K=8。因此可得到方式 1 和方式 3 的比特率计算公式为

$$比特率 = \frac{2^{SMOD}}{32}\frac{f_{osc}}{12}\left(\frac{1}{2^K - 初值}\right)$$

式中，K 为定时 / 计数器 T1 的位数，它与定时 / 计数器 T1 的工作方式有关。若定时 / 计数器 T1 设为方式 0，则 $K=13$；若定时 / 计数器 T1 设为方式 1，则 $K=16$；若定时 / 计数器 T1 设为方式 2 或方式 3，则 $K=8$。

常用比特率与定时 / 计数器 T1 的关系见表 6-4。

表 6-4　常用比特率与定时 / 计数器 T1 的关系

比特率 /（kbit/s）	f_{osc}/MHz	SMOD	定时 / 计数器 T1		
			C/$\overline{\text{T}}$	工作方式	初值
500（串行口工作在方式 0）	6	—	—	—	—
187.5（串行口工作在方式 2）	6	1	—	—	—
19.2（串行口工作在方式 1 或方式 3）	6	1	0	2	FEH
9.6	6	1	0	2	FDH
4.8	6	0	0	2	FDH
2.4	6	0	0	2	FAH
1.2	6	0	0	2	F4H
0.6	6	0	0	2	E8H
0.11	6	0	0	2	72H
0.055	6	0	0	1	FEEBH

定时 / 计数器 T1 通常采用方式 2，因为定时 / 计数器 T1 工作在方式 2 下，当 TL1 从全 1 变为全 0 时，TH1 自动重装 TL1。这种工作方式，不仅方便操作，也可避免因重装初值（时间常数初值）而带来的定时误差。

由比特率计算公式可知，方式 1 和方式 3 下所选比特率常常需要通过计算初值来确定，因为该初值是定时 / 计数器 T1 初始化时使用的。

还应当注意如下两点：一是表 6-4 中定时 / 计数器 T1 的初值与相应比特率之间有一定误差，例如，FDH 对应的比特率理论值是 10.416kbit/s，与表 6-4 中给出的 9.6kbit/s 相差 0.816kbit/s），可以通过调整单片机的时钟频率 f_{osc} 消除误差；二是定时 / 计数器 T1 工作在方式 1 时的初值应考虑重装时间。

6.1.3　串行口测试电路硬件设计

为了实现自我收发数据，将单片机的接收端和发送端相连，这种方法也常用于单片机串行口通信功能测试。为了调试方便，设计 1 个发送按键，每按键 1 次，发送 1 个数据，程序中将发送数据存于数组 dat[10] 中。同时，设计 1 位显示。在通信系统中，常用的晶振频率为 11.0592MHz。串行口测试电路如图 6-10 所示。

6.1.4　串行口测试电路软件设计

因为要有检验位，所以只能选择 11 位的异步串行通信方式，对应方式 2 和方式 3。比特率设计为 1200bit/s，因此串行口只能在方式 3 下工作。此时定时 / 计数器 T1 作为比特率发生器工作于方式 2。晶振频率为 11.0592MHz 时，定时 / 计数器 T1 的初值为 E8H。

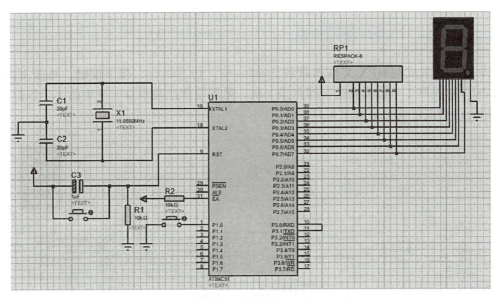

图 6-10   串行口测试电路

1）单片机发送数据，自接收并显示的程序代码如下。

```c
#include <reg51.h>
#define uchar unsigned char;
code uchar
tab_cc[]={0x3f,0x6,0x5b,0x4f,0x66,
       0x6d,0x7d,0x07,0x7f,0x6f};
sbit K0=P1^0;//定义发送按键
uchar
dat[10]={0,1,2,3,4,5,6,7,8,9};
//待发送数据
uchar i;

void Init_Serial()
{
SCON=0xd0;
//串行口工作于方式3，允许接收
TMOD= 0x20;    //定时/计数器T1工作
在方式2
TL1=TH1=0xe8;//比特率为1200bit/s
TR1=1;          //启动定时/计数器
EA=1;           //开串行口中断
```

```c
ES=1;
}

void main()
{
Init_Serial();
while(1)
{
if(K0==0)        //判断按键
{
while(K0==0);//等待按键弹出
ACC=dat[i];
if(P)TB8=1;      //设置校验位
else TB8=0;
SBUF=ACC;        //发送数据
i++;
i%=10;
}
}
}
```

2）中断服务程序代码如下。

```c
void int_s(void)interrupt 4
{
if(TI)TI=0;      //发送中断处理
if(RI)           //接收中断处理
{ RI=0;
```

```c
ACC=SBUF;
if(P==RB8)P0=tab_cc[ACC];
//校验正确，显示接收数据
else P0=0x71;//校验不正确，显示"F"
}
}
```

6.1.5　串行口测试硬件仿真

将 Keil 中生成的 HEX 文件加载到 Proteus 中，仿真运行，按下按键，每按 1 次，依次从 dat[10] 提取 1 个数据发送，即每按 1 次，数码管依次显示 0 ～ 9 中的 1 个数据。

串行口测试仿真效果如图 6-11 所示。

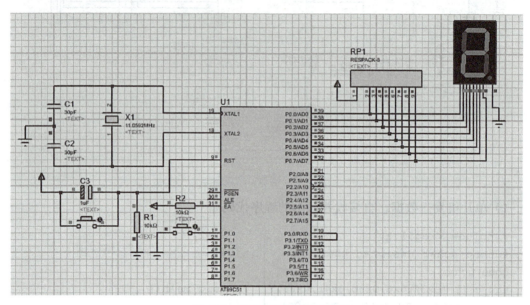

图 6-11　串行口测试仿真效果

任务 6.2　用串行口扩展 I/O 口

AT89C51 单片机本身有 4 个 I/O 口 P0 ～ P3，但是真正用作 I/O 口线的只有 P1 口的 8 位 I/O 口线和 P3 口的某些位线。因此在多数应用系统中，AT89C51 单片机往往需要进行外部 I/O 接口的扩展。本任务将介绍使用常见的 74LS164 芯片和 AT89C51 串行口进行并行 I/O 口扩展的设计。

6.2 用串口扩展 I/O 口（1）

6.2.1　工作于方式 0 扩展输出口

串行口的方式 0 通常不用于通信，它的主要用途是与外接移位寄存器配合来扩展并行 I/O 口。但用这个方法扩展 I/O 口占用单片机的串行口资源，串行口就不能再用于别的作用。

当单片机的串行口工作在方式 0 时，数据以串行方式逐位发出，如果外接一个串入并出的移位寄存器，如 74LS164 芯片，就可以将串行数据转换为并行数据输出，即扩展了一个单片机的并行输出端口。

74LS164 芯片封装和引脚如图 6-12 所示。

1）功能：74LS164 为 8 位串入并出移位寄存器，边沿触发，8 位串行输入、并行输出。

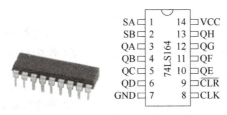

图 6-12　74LS164 芯片封装和引脚图

2）引脚：SA、SB 为两个数据输入，CLK 为时钟输入，$\overline{\text{CLR}}$ 为复位输入（低电平有效），QA ～ QH 为数据输出。

6.2.2　利用 74LS164 扩展输出口硬件设计

本次任务要求用单片机串行口和 74LS164 扩展输出口，实现数码管依次显示串行口发送数据的效果。

在方式 0（同步串行通信模式）下，RXD 为串行数据传输口，TXD 为同步脉冲输出口。74LS164 的 CLK 为同步移位脉冲输入端，与单片机的 TXD 相连；SA、SB 端相连为串行数据输入端，与单片机的 RXD 相连。并行数据从 74LS164 数据输出端输出，外接数码管显示。在 Proteus 中绘制利用 74LS164 扩展输出口电路，如图 6-13 所示。

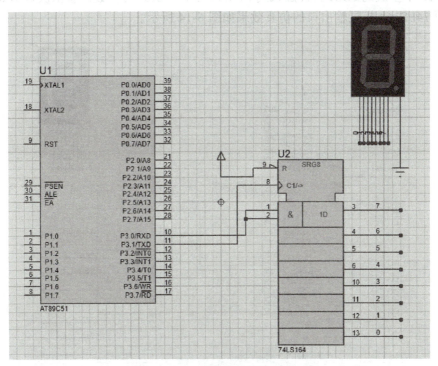

图 6-13　利用 74LS164 扩展输出口电路

6.2.3　利用 74LS164 扩展输出口软件设计

利用 74LS164 扩展输出口的程序代码如下。

```
#include<reg51.h>
unsigned char code
dispcode[]={0x3f,0x06,0x5b,0x4f,
0x66,0x6d,0x7d,0x07,0x7f,0x6f};
// 共阴极段码
void delay()
{
  int m,n;
  for(m=0;m<400;m++)
    for(n=0;n<400;n++);
}
void main()
{
  int i=0;        // 循环变量
  SCON=0x00;
  // 设定串行口工作于方式 0
for(i=0;i<10;i++)
  {
    SBUF=dispcode[i];
  // 将 dispcode 数组中的段码依次发送出去
    delay();     // 延时
    while(TI==0);
  // 等待发送完毕
    TI=0;
  // 发送完毕清除发送中断标志位
    if(i==10)
  // 10 个数据发送完毕就清 0
    {
      i=0;
    }
  }
}
```

6.2.4　利用 74LS164 扩展输出口硬件仿真

将 Keil 中生成的 HEX 文件加载到 Proteus 中，仿真运行，数码管依次显示 0～9。利用 74LS164 扩展输出口的仿真效果如图 6-14 所示。

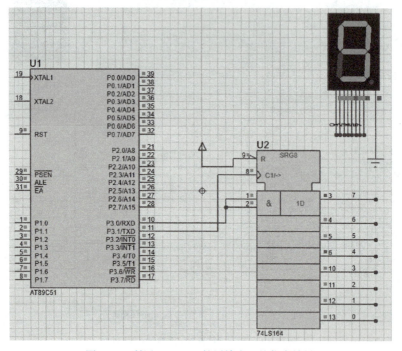

图 6-14　利用 74LS164 扩展输出口的仿真效果

6.2.5　工作于方式 0 扩展输入口

串行接收时，外部可扩展一片（或几片）并入串出的移位寄

6.3 用串口扩展 I/O 口（2）

存器。当由软件置位 REN，且 RI=0 时，启动串行口以方式 0 接收数据。外扩 74LS165
并行输入数据，在 TXD 端输出移位脉冲的控制下，移位输出数据给串行口 RXD 端；串
行口接收器以 $f_{osc}/12$ 的比特率采样 RXD 端的输入数据（低位在前），当接收到 8 位数据时，
将中断标志 RI 置位，并发出中断请求。CPU 查询到 RI=1 或响应中断后，即可读入接收
SBUF 中的数据，并由软件使 RI 清 0，准备接收下一帧数据。这样就扩展了一个并行输入口。

74LS165 是 8 位并行输入串行输出移位寄存器，引脚如图 6-15 所示。

74LS165 引脚的功能如下。

1）CLK、CLKINH：时钟输入端（上升沿有效）。

2）D0 ~ D7：并行数据输入端。

3）SER：串行数据输入端。

4）QH：输出端。

5）$\overline{\text{QH}}$：互补输出端。

6）SH/LD：移位控制 / 置入控制（低电平有效）。

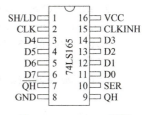

图 6-15　74LS165 引脚

6.2.6　利用 74LS165 扩展输入口硬件设计

本任务通过指拨开关动作产生高低电平，作为 74LS165 的输入，74LS165 将接收到
的数据发往串行口，串行口将接收到的数据送 P0 口进行显示。

74LS165 的 CLK 为同步移位脉冲输入端，与单片机的 TXD 相连；移位控制端 SH
接单片机 P2.5；并行数据输入端 D0 ~ D7 接指拨开关，指拨开关的状态反映在 P0 口的
LED 上。在 Proteus 中绘制利用 74LS165 扩展输入口电路，如图 6-16 所示。

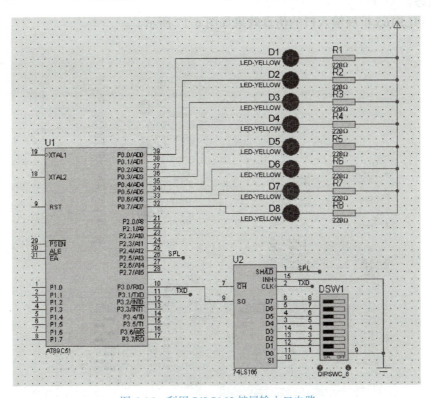

图 6-16　利用 74LS165 扩展输入口电路

6.2.7 利用74LS165扩展输入口软件设计

利用74LS165扩展输入口的程序代码如下。

```c
#include<reg51.h>
#include<intrins.h>
#include<stdio.h>
#define uchar unsigned char
#define uint unsigned int
sbit SPL=P2^5;// shift/load
// 延时
void DelayMS(uint ms)
{
    uchar i;
    while(ms--)
    for(i=0;i<120;i++);
}

void main()
{
    SCON=0x10;
    while(1)
    {
    SPL=0;
    SPL=1;
    while(RI==0);
    RI=0;
    P0=SBUF;
    DelayMS(20);
     }
}
```

6.2.8 利用74LS165扩展输入口硬件仿真

将Keil中生成的HEX文件加载到Proteus中，仿真运行，拨动指拨开关，观察P0口LED的状态。

利用74LS165扩展输入口的仿真效果如图6-17所示。

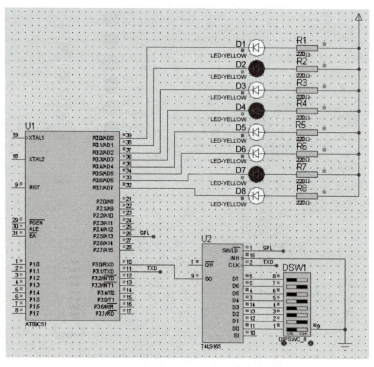

图6-17 利用74LS165扩展输入口的仿真效果

任务 6.3　单片机双机通信

信息技术和金融行业的不断融合，催生了一种新型金融业务模式——金融科技（Fintech），极大提高了金融服务质量和效率，促进了金融业务创新发展，也带来了便捷高效的客户体验。然而，随着越来越依赖系统和网络拓宽客户，银行面临的风险也从网点不断延伸，既有外部的网络攻击，又有内部管理的漏洞，导致网络攻击、信息泄露、系统中断等事件时有发生，给银行和用户造成了巨大的损失。我们在通过手机进行支付时，要注意网络支付环境的安全性，公共场所谨慎连接免费Wi-Fi，并定期修改密码，防止信息泄露。

6.4 单片机双机通信

在银行业务系统中，为了提高柜员的登录安全和授权操作中的安全性，采用动态口令系统。这里就用到了单片机双机通信，通过单片机的双机通信可模拟动态口令的获取。假设甲单片机中存放的动态口令是 010086，甲单片机发送动态口令给乙单片机，乙单片机接收到数据后在 6 位数码管上显示接收数据。将两个独立的单片机系统用连接线进行连接，使用串行通信进行数据传送，那么单片机如何利用串行口实现双机通信呢？

6.3.1　双机通信系统

双机通信就是两个单片机之间或单片机与个人计算机之间的通信。双机通信是点对点的异步通信。要实现双机通信，需要掌握双机通信编程要领。

通信协议一般如下。主机发送数据，从机接收数据，双方采用查询方式发送和接收数据。双机开始通信，主机发送握手信号，等待从机应答；从机接收到握手信号后，应答 OK（确定）或 BUSY（忙）；当从机应答 OK 时，主机开始向从机发送缓冲区里的数据；从机接收完数据后，返回接收成功或失败，若失败，则主机重新发送，从机重新接收。

主机发送的数据格式如下：字节数 n、数据 1、数据 2、…、数据 n、字节校验。字节校验是将字节数和所有数据进行异或。

51 单片机串行口工作于方式 1 时，只能用于双机通信，不能用于多机通信。串行通信的程序设计，一般采用查询方式或中断方式。在串行通信中，为了确保通信成功、有效，通信双方除了在硬件上进行连接外，在软件中还必须做如下约定。

作为发送端，必须知道什么时候发送信息，发什么信息，对方是否收到，收到的内容有没有发生错误，要不要重发，怎样通知对方结束。

作为接收端，必须知道对方是否发送了信息，发的是什么信息，收到的信息是否有错误，如果有错误怎样通知对方重发，怎样判断结束等。

6.3.2　单片机与单片机之间的通信实现

下面举例说明双机通信系统的具体设计步骤。系统由主机和从机构成，主机发送数据，从机接收数据，已知 $f_{osc}=11.0592\text{MHz}$，比特率为 1200bit/s。

串行口工作于方式 1 时，比特率取决于 T1 的溢出率（设 SMOD = 0），计算 T1 的计数初值为

$$初值 = 256 - \frac{2^0}{32} \times \frac{11059200}{12 \times 1200} = 232 = E8H$$

甲机发送初始化程序代码如下。

```
TMOD=0x20;        // 设 T1 工作于方式 2
TL1=0xe8;         // 置 T1 计数初值
TH1=0xe8;         // 置 T1 计数重装值
ET1=0;            // 禁止 T1 中断
TR1=1;            //T1 启动
SCON=0x40;        // 设串行口工作于方式 1，禁止接收
PCON=0x00;        // 置 SMOD=0（SMOD 不能进行位操作）
ES=0;             // 禁止串行口中断
```

乙机接收初始化程序代码如下

```
TMOD=0x20;        // 设 T1 工作在方式 2
TL1=0xe8;         // 置 T1 计数初值
TH1=0xe8;         // 置 T1 计数重装值
ET1=0;            // 禁止 T1 中断
TR1=1;            // T1 启动
SCON=0x40;        // 设串行口工作在方式 1，禁止接收
PCON=0x00;        // 置 SMOD=0（SMOD 不能进行位操作）
ES=0;             // 禁止串行口中断
REN=1;            // 启动接收
```

6.3.3　双机通信硬件设计

本任务要求实现甲单片机发送信息，乙单片机将接收到的信息送数码管显示；反之，乙单片机发送信息，甲单片机将接收到的信息送数码管显示。

双机通信电路如图 6-18 所示。

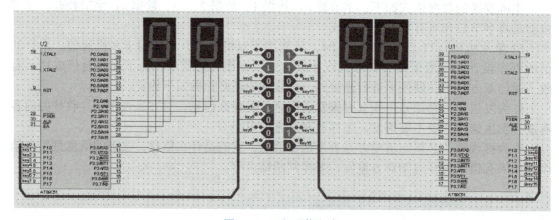

图 6-18　双机通信电路

6.3.4　双机通信软件设计

双机通信的程序代码如下。

```
#include <reg51.h>                        {
#define uchar unsigned char                 if(key_in!= key_port)
#define uint unsigned int                     {
#define key_port P1                              key_in = key_port;
#define dis_port P2                              SBUF=key_in;
void main(void)                               }
{ uchar key_in=0xff;                        }
   SCON=0x50; // 串行口工作于              }
            // 方式 1,REN=1           void get_disp()interrupt 4 using 0
   TMOD=0x20; //T1 工作于方式 2          {
   TH1=0xf3;  // 比特率 2400bit/s         if(RI)  // 如果是串行口输入引起中断
   TL1=0xf3;                                { dis_port = SBUF;
   ET1=1;                                        RI=0;
   TR1=1;                                    }
   EA=1;                                  else TI=0;  //否则就是串行口输出
   ES=1;                                             //引起的中断
   while(1)                             }
```

6.3.5　双机通信硬件仿真

将 Keil 中生成的 HEX 文件加载到 Proteus 中，仿真运行，双机通信的仿真效果如图 6-19 所示。

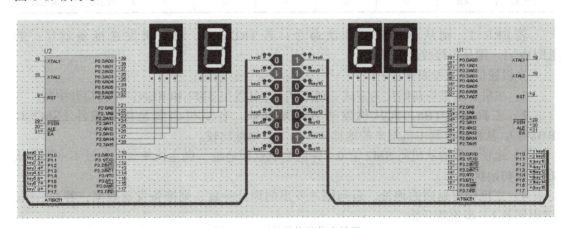

图 6-19　双机通信的仿真效果

6.3.6　多机通信

当 AT89C51 单片机串行口工作在方式 1、方式 2 或方式 3 时，可实现多机通信功能，即一台主机和多台从机之间通信。多机通信连接如图 6-20 所示。

多机通信中，主机向从机发送信息时，应指定向哪台从机发送；同样，从机向主机发送信息时，主机需要知道信息来自哪个从机。这需要制定通信协议。主从式多机通信有如下通信协议。

1）系统中允许有 255 台从机，其地址是 00H ～ FEH。

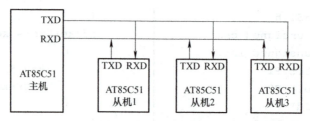

图 6-20 多机通信连接

2）地址 FFH 是对所有从机都起作用的一条控制命令，命令各从机恢复 SM2=1 状态。

3）主机和从机的联络过程如下：主机首先发送地址帧，被寻址从机返回本机地址给主机，在判断地址相符后，主机给被寻址从机发送控制命令，被寻址从机根据命令向主机回送自己的状态，若主机判断状态正常，则主机开始发送或接收数据，发送或接收的第 1 字节是数据块长度。

4）假定主机发送的控制命令代码如下。

① 00：要求从机接收数据块。

② 01：要求从机发送数据块。

③ 其他：非法命令。

5）从机状态字格式见表 6-5。

表 6-5　从机状态字格式

位	D7	D6	D5	D4	D3	D2	D1	D0
位名称	ERR	0	0	0	0	0	TRDY	RRDY

若 ERR=1，则从机接收到非法命令；若 TRDY=1，则从机发送准备就绪；若 RRDY=1，则从机接收准备就绪。

多机通信的过程如下。

1）主机、从机均初始化为方式 2 或方式 3，且置位 SM2 和 REN，串行口开中断。

2）主机置位 TB8，向从机发送寻址地址帧，各从机因满足接收条件（SM2=1，RB8=1），从而接收到主机发来的地址，并与本机地址比较。

3）地址一致的从机将 SM2 清 0，并向主机返回地址，供主机核对；地址不一致的从机恢复初始状态。

4）主机核对返回的地址，若与刚才发出的地址一致，则准备发送数据；若不一致，则返回第 1）步重新开始。

5）主机向从机发送数据，此时主机 TB8=0，只有被选中的那台从机能接收到该数据，其他从机则舍弃该数据。

6）本次通信结束后，主机、从机重新置位 SM2，又可进行再一次通信。

在实际应用中，常将单片机作为从机（下位机）直接用于被控对象的数据采集与控制，而把个人计算机作为主机（上位机）用于数据处理和对从机的管理。

任务 6.4　个人计算机与单片机通信

上个任务介绍了单片机之间的通信，通信中的数据信号是 TTL（晶体管－晶体管逻辑）电平，即大于或等于 2.4V 表示逻辑 1，小于或等于 0.5V 表示逻辑 0。这种信号只适用于通信距离

6.5 PC 与单片机通信

很短的场合，用于远距离通信必然会使信号衰减和畸变。比较而言，个人计算机具有更强的信息处理能力，经常需要将单片机采集的现场数据传送给个人计算机集中处理，或者由个人计算机发出命令，各终端（单片机）执行。

实现个人计算机与单片机之间通信或单片机与单片机之间远距离通信时，通常采用标准串行总线通信接口，如 RS-232C、RS-422、RS-423、RS-485 等。在这些串行总线接口标准中，RS-232C 是由美国电子工业协会（EIA）正式公布的，是在异步串行通信中应用最广的标准总线，它适用于短距离或带调制解调器的通信场合。本任务将以 RS-232C 标准串行总线接口为例，简单介绍个人计算机与单片机之间串行通信的硬件实现过程。

6.4.1 RS-232C 接口标准

RS-232C 是美国电子工业协会制定的一种串行物理接口标准。RS 是"推荐标准"的英文缩写，232 为标识号，C 表示修改次数。RS-232C 总线标准设有 25 条信号线，包括一个主通道和一个辅助通道。个人计算机上的 RS-232C 通信接口，通常以 9 个引脚（DB-9）或是 25 个引脚（DB-25）的形式出现。一般个人计算机上会有两组 RS-232C 接口，分别称为 COM1 和 COM2。

RS-232C 串行接口总线适用于设备之间的通信距离不大于 15m，传输速率最大为 20kbit/s 的情况。

图 6-21 所示为 RS-232C 实物和引脚。

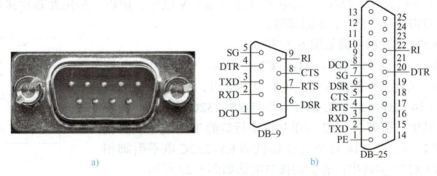

图 6-21 RS-232C 实物和引脚

a）实物 b）引脚

1. 机械特性

RS-232C 接口规定使用 25 针连接器，连接器的尺寸及每个插针的排列位置都有明确的定义。在实际应用中，常常使用 9 针连接器代替 25 针连接器。

2. 功能特性

RS-232C 的引脚定义见表 6-6。

3. 电气特性

RS-232C 采用负逻辑，规定逻辑 1 表示 -3 ～ -12V，逻辑 0 表示 3 ～ 15V。RS-232C 标准数据传输速率有 50bit/s、75bit/s、110bit/s、150bit/s、300bit/s、600bit/s、1200bit/s、4800bit/s、9600bit/s、19200bit/s 等。RS-232C 标准的信号传输的最大电缆长度为几十米，传输速率小于 20kbit/s。

表 6-6 RS-232C 的引脚定义

引脚		符号	功能	方向
DB-25	DB-9			
2	3	TXD	发送数据	输出
3	2	RXD	接收数据	输入
4	7	RTS	请求发送	输出
5	8	CTS	清除发送	输入
6	6	DSR	数据通信设备准备好	输入
7	5	SG	信号地	—
8	1	DCD	数据载体检测	输入
20	4	DTR	数据终端准备好	输出
22	9	RI	振铃指示	输入

4. 电平转换

鉴于 AT89C51 单片机的输入、输出电平均为 TTL/CMOS 电平,而个人计算机配置的是 RS-232C 标准串行接口,使用的是 RS-232C 标准电平,二者的电气规范不一致,因此要完成个人计算机与单片机的数据通信,必须进行电平转换。

电平转换可以选用美信(MAXIM)公司生产的电平转换专用芯片 MAX232,它是一个包含两路接收器和驱动器的集成电路芯片,其内部有一个电源电压变换器,可以把输入的 5V 电压变换成 RS-232C 输出电平所需的 ±10V 电压。所以,采用此芯片接口的串行通信系统只需要单一的 5V 电源即可。

MAX232 芯片的引脚如图 6-22 所示。

引脚 1 ~ 6(C1+、V+、C1-、C2+、C2-、V-)用于电源电压转换,只要在外部接入相应电解电容即可;引脚 7 ~ 10 和引脚 11 ~ 14 构成两组 TTL 信号电平与 RS-232C 信号电平的转换电路,其中,引脚 9 ~ 12 与单片机串行口的 TTL 电平引脚相连;引脚 7、8、13、14 与个人计算机的 RS-232C 电平引脚相连。用 MAX232 实现串行通信的接口电路如图 6-23 所示。

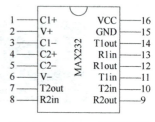

图 6-22 MAX232 芯片的引脚

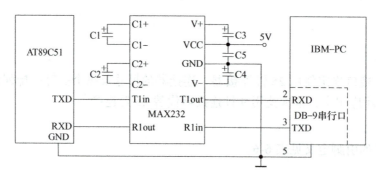

图 6-23 用 MAX232 实现串行通信的接口电路

图 6-23 所示为用 MAX232 实现个人计算机与 AT89C51 单片机串行通信的典型接线图。图中外接电解电容 C1、C2、C3、C4 用于电源电压变换,它们可以取相同电容值的电容,如 10μF(25V)。电容 C5 用于对 5V 电源的噪声干扰进行滤波,其值一般为 0.1μF。选择

任一组电平转换电路实现串行通信，图 6-23 中选 T1in、R1out 分别与 AT89C51 的 TXD、RXD 相连，T1out、R1in 分别与个人计算机中 RS–232C 接口的 RXD、TXD 相连。这种发送与接收的对应关系不能连错，否则将不能正常工作。

6.4.2　个人计算机与单片机通信硬件设计和软件设计

在 Proteus 软件中按图 6-24 所示，绘制个人计算机与单片机通信电路。在 Keil 软件中新建工程，命名为"任务 6-4"，录入如下程序，并调试运行。

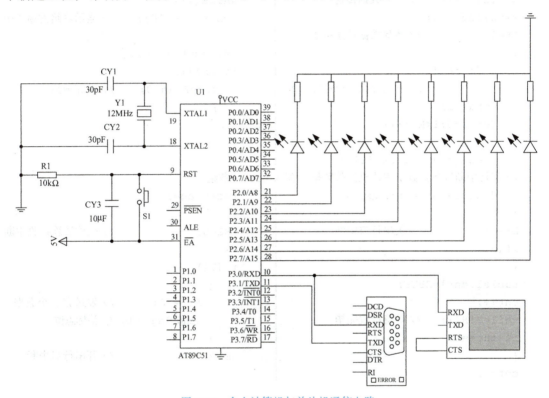

图 6-24　个人计算机与单片机通信电路

个人计算机与单片机通信任务对应的程序代码如下。

```
#include <reg52.h>                    char table1[N];
#define uchar unsigned char          uint cnt=0;
#define uint unsigned int            uchar  sendFlag = 0;
#define N 26                         // 未发送数据时
uchar x;                             uchar  receFlag =0;
// uchar data table[N];              // 未接受到数据时
// 暂存数组, 可以将 10 改为需要的数值  uint i=0,j;
// 串行口初始化, 比特率为 9600bit/s, 定时 / 计数器 T1 工作于方式 2
void serial_init(void)               TL1=0xfd; // 装入初值
{                                    TR1=1;    // T1 中断允许
TMOD=0x20;// T1 作为比特率发生器        SM0=0;
TH1=0xfd;                            SM1=1;    // 串行口工作于方式 2
```

```
ES=1;//串行口中断允许                          EA=1;//中断总允许
PS=1;                                           }
REN=1;//接收允许
// 串行口传送数据，传送显示数组各字符给个人计算机
void send_char(unsigned char txd)              }
// 传送 1 个字符                                }
{                                              void main()
ES=0;                                          {
SBUF = txd;                                     serial_init();   // 初始化
while(!TI);     // 等特数据传送                 while(1){
sendFlag = 1;                                   P2=table1[0];     // 显示数组的第 1 个
ES=1;           // 清除数据传送标志                               // 元素
}                                              if(receFlag==1){
void fasong()                                  fasong();
{               // 发送数组 receive[]             receFlag=0;     // 发完成后清标志
    uchar i;                                     }
    for(i=0;i<N;i++)                             }
    {                                          }
      send_char(table1[i]);
// 串行中断服务函数，单片机接收数据，存入 table 数组
void serial()interrupt 4                       receFlag=1;
{                                              }
ES=0;           // 关串行口中断                  RI=0;            // 软件清除接收中断
if(RI)                                           }
{                                              if(TI)
table1[cnt]=SBUF;                                {
cnt++;                                             TI = 0;        // 发送完 1 个数据
while(!RI);     // 等待接收完毕                    sendFlag = 0;  // 清标志位
if(cnt==N)                                         }
{                                               ES=1;            // 开串行口中断
cnt=0;                                            }
```

6.4.3　个人计算机与单片机通信显示硬件设计

把上个任务中接收到的从个人计算机发过来的数据，用数码管显示其 ASCII 码，例如，发过的数据为"1"，数码管显示"31"；发过来的数据为"2"，数码管显示"32"。在 Proteus 软件中按图 6-25 所示，绘制个人计算机与单片机通信显示电路。

6.4.4　个人计算机与单片机通信显示软件设计

个人计算机与单片机通信显示对应的程序代码如下。

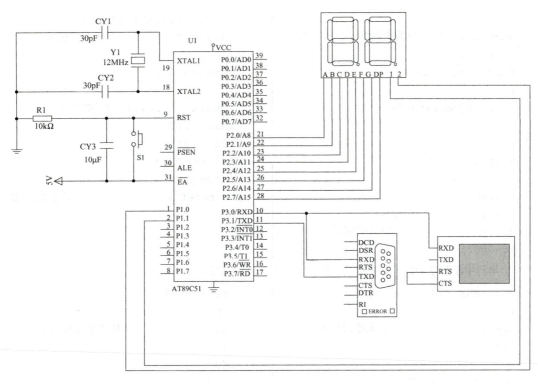

图 6-25　个人计算机与单片机通信显示电路

```c
#include <reg52.h>
#define uchar unsigned char
#define uint unsigned int
#define N 1
uchar x;
char table1[N];         // 暂存数组
uint cnt=0;
uchar  sendFlag = 0; // 未发送数据时
uchar  receFlag =0;      // 未接收到数据时
uint i=0,j;
ucharcode
```
```c
dis[]={0xC0,0xF9,0xA4,0xB0,0x99,
0x92,0x82,0xF8,0x80,0x90,0x88,0x
83,0xC6,0xA1,0x86,0x8E};// 共 阳 数
码管段码
void delayms(uchar ms)     // 延时 ms
{
uchar i;
while(ms--)
{
for(i = 0;i < 120;i++);
}
}
```

```c
// 串行口初始化比特率为 9600bit/s, 定时 / 计数器 T1 工作于方式 2
void serial_init(void)
{
TMOD=0x20;// T1 作为比特率发生器
TH1=0xfd;
TL1=0xfd; // 装入初值
TR1=1;     // T1 中断允许
SM0=0;
```
```c
SM1=1;       // 串行口工作于方式 2
ES=1;        // 串行口中断允许
PS=1;
REN=1;       // 接收允许
EA=1;        // 中断总允许
}
```

```c
// 串行口传送数据 , 传送显示数组各字符给个人计算机
    void send_char(unsigned char
txd)
// 传送 1 个字符
{ES=0;
```
```c
SBUF = txd;
while(!TI);   // 等特数据传送
sendFlag = 1;
ES=1;          // 清除数据传送标志
```

```
}
void fasong(){   // 发送数组 receive[];
uchar i;
for(i=0;i<N;i++)
{
    send_char(table1[i]);
}
}
void display()
{
P1=0x01;
P2=dis[table1[0]&0x0f];
delayms(10);       // 个位显示
P1=0x02;
```

// 串行中断服务函数，单片机接收数据，存入 table 数组

```
void serial()interrupt 4
{
ES=0;               // 关串口中断
if(RI)
{
table1[cnt]=SBUF;
cnt++;
while(!RI);        // 等待接收完毕
if(cnt==N)
{
cnt=0;
```

```
P2=dis[table1[0]/16];
delayms(10);       // 十位显示
}
void main()
{
 serial_init();   // 初始化
while(1){
display();
if(receFlag==1){
fasong();
  receFlag=0;      // 发完成后清标志
 }
  }
}
```

```
receFlag=1;
 }
 RI=0;              // 软件清除接收中断
 }
if(TI)
  {
   TI = 0;          // 发送完 1 个数据
   sendFlag = 0;// 清标志位
  }
ES=1;               // 开串口中断
 }
```

任务 6.5　DS18B20 温度采集报警系统设计

　　温度是农业生产中一种最基本的环境参数，是农作物生长生存的重要条件之一。在最适温度范围内，农作物生长发育迅速而良好；低于最低温度或超过最高温度，农作物就会受到影响，甚至死亡。界限温度对农业生产具有普遍意义，标志某些物候现象或农事活动的开始、转折或终止。

6.6 DS18B20 温度采集报警系统设计

　　温度传感器是实现温度检测和控制的关键器件，它是将被测物体的温度即非电学量变化按一定规律转换成电学量变化的装置。温度传感器利用金属、合金或者半导体材料与温度有关的特性制成。早期使用的是模拟温度传感器，如热电阻，测温时，热电阻的阻值会随着环境温度的变化而发生改变，用处理器采集电阻两端的电压，然后根据公式就可以计算出当前的环境温度。随着技术的发展，温度传感器已经走向数字化，它体积小、接口简单、使用方便，广泛应用于工业生产和日常生活中，其中最典型的是美国达拉斯半导体公司（Dallas Semiconductor）推出的数字化温度传感器 DS18B20，它具有功耗低、性能高、抗干扰能力强等优点，可直接将环境温度转化为数字信号，以数字码方式串行输出。本任务使用 DS18B20 设计一个温控系统，实现对环境温度的测量并准确显示。

6.5.1　DS18B20 介绍

温度传感器是用来将温度信号转变成电信号的转换器件，通常用于对温度和与温度有关的参量进行电子测量。

1. DS18B20 概述

DS18B20 是 1-Wire（单总线）器件，具有线路简单、体积小的特点。因此用它组成的测温系统线路简单，一根通信线上可以挂很多这样的温度传感器，十分方便。

2. DS18B20 的特点

1）只要求一个端口即可实现通信。

2）DS18B20 中的每个器件上都有独一无二的序列号。

3）实际应用中不需要任何外部元器件即可实现测温。

4）测量温度范围在 –55 ～ 125℃之间。

5）分辨率可以在 9 ～ 12 位范围内选择。

6）内部有温度上、下限告警设置。

3. DS18B20 的引脚

TO–92 封装的 DS18B20 引脚（底视图）如图 6-26 所示，引脚定义见表 6-7。

图 6-26　DS18B20 引脚（底视图）

表 6-7　DS18B20 引脚定义

引脚	名称	功能
1	GND	地信号
2	DQ	数据输入 / 输出，开漏单总线接口引脚。当工作于寄生供电方式时，也可以向器件提供电源
3	VDD	可选择的 VDD。当工作于寄生供电方式时，此引脚必须接地

4. DS18B20 的内部结构

DS18B20 主要由 4 部分组成：64 位光刻 ROM、温度传感器、存储器、配置寄存器。

（1）64 位光刻 ROM

光刻 ROM 中的 64 位序列号是出厂前被光刻好的，它可以看作该 DS18B20 的地址序列码。64 位光刻 ROM 的排列如下：开始 8 位（28H）是产品类型标号，接着的 48 位是该 DS18B20 自身的序列号，最后 8 位是前面 56 位的循环冗余码（CRC=X8+X5+X4+1）。光刻 ROM 的作用是使每一个 DS18B20 都不相同，这样就可以实现一根总线上挂接多个 DS18B20 的目的。64 位光刻 ROM 又包括如下 5 个 ROM 指令：读 ROM、匹配 ROM、搜索 ROM、跳过 ROM 和告警搜索。

根据 DS18B20 的通信协议，主机控制 DS18B20 完成温度转换必须经过如下三个步骤：每一次读写之前都要对 DS18B20 进行复位操作，复位成功后发送一条 ROM 指令，最后发送 RAM 指令，这样才能对 DS18B20 进行预定的操作。ROM 指令和 RAM 指令见表 6-8 和表 6-9。

表 6-8　ROM 指令

指令	约定代码	功能
读 ROM	33H	读 DS18B20　ROM 中的编码（即 64 位地址）
匹配 ROM	55H	发出此指令后，接着发出 64 位 ROM 编码，访问单总线上与该编码相对应的 DS18B20，使之做出响应，为下一步对该 DS18B20 的读写做准备
搜索 ROM	0F0H	用于确定挂接在同一总线上的 DS18B20 个数和识别 64 位 ROM 地址，为操作各器件做好准备
跳过 ROM	0CCH	忽略 64 位 ROM 地址，直接向 DS18B20 发温度变换指令，适用于单片工作
告警搜索	0ECH	执行后只有温度超过设定值上限或下限的片子才做出响应

表 6-9　RAM 指令

指令	约定代码	功能
温度转换	44H	启动 DS18B20 进行温度转换，12 位转换时间最长为 750ms（9 位为 93.75ms），结果存入内部 9 字节 RAM 中
读暂存器	0BEH	读内部 RAM 中 9 字节的内容
写暂存器	4EH	发出向内部 RAM 的 3、4 字节写上、下限温度数据的指令，紧跟该指令之后，是传送 3 字节的数据，3 字节的数据分别被存到暂存器的第 3～5 字节中
复制暂存器	48H	将 RAM 中第 3～5 字节的内容复制到 EEPROM（电擦除可编程只读存储器）中
重调 EEPR0M	0B8H	将 EEPROM 中的内容恢复到 RAM 的第 3～5 字节中
读供电方式	0B4H	读 DS18B20 的供电方式。寄生供电时 DS18B20 发送 "0"，外接电源供电时 DS18B20 发送 "1"

（2）温度传感器

DS18B20 中的温度传感器可完成对温度的测量，用 16 位符号扩展的二进制补码读数形式提供，以 0.0625℃/LSB 形式表达。DS18B20 温度值格式见表 6-10。其中 "S" 为符号位。

表 6-10　DS18B20 温度值格式

位	7	6	5	4	3	2	1	0
LSB（最低有效位）	2^3	2^2	2^1	2^0	2^{-1}	2^{-2}	2^{-3}	2^{-4}
位	15	14	13	12	11	10	9	8
MSB（最高有效位）	S	S	S	S	S	2^6	2^5	2^4

这是 12 位转化后得到的 12 位数据，存储在 DS18B20 的两个 8 位 RAM 中，二进制数中的前面 5 位是符号位。若测得的温度大于 0，则这 5 位为 0，只要将测到的数值乘以 0.0625 即可得到实际温度；若测得的温度小于 0，则这 5 位为 1，测到的数值需要取反加 1 再乘以 0.0625 才能得到实际温度。例如，125℃的数字输出为 07D0H，25.0625℃的数字输出为 0191H，-25.0625℃的数字输出为 FE6FH，-55℃的数字输出为 FC90H。实际温度与数字输出的对应关系见表 6-11。

（3）存储器

DS18B20 温度传感器的内部存储器包括一个高速暂存器和一个非易失性的 EEPROM，EEPROM 存放高温触发器 TH 和低温触发器 TL 及结构寄存器。

存储器能完整确定一线端口的通信，数据开始用写暂存器指令写进暂存器，接着也可以用读暂存器指令确认这些数据。确认后就可以用复制暂存器指令将这些数据转移到 EEPROM 中。当修改过暂存器中的数据时，这个过程能确保数据的完整性。

表 6-11 实际温度与数字输出的对应关系

实际温度 /℃	数字输出	
	二进制	十六进制
125	0000 0111 1101 0000	07D0H
85	0000 0101 0101 0000	0550H
25.0625	0000 0001 1001 0001	0191H
10.125	0000 0000 1010 0010	00A2H
0.5	0000 0000 0000 1000	0008H
0	0000 0000 0000 0000	0000H
−0.5	1111 1111 1111 1000	FFF8H
−10.125	1111 1111 0101 1110	FF5EH
−25.0625	1111 1110 0110 1111	FE6FH
−55	1111 1100 1001 0000	FC90H

　　高速暂存器由 9 字节组成，字节分布见表 6-12。温度转换指令发布后，经转换所得的温度值以二进制补码形式存放在高速暂存器的第 1 和第 2 字节中。CPU 可通过单线接口读到该数据，读取时低位在前，高位在后。对应的温度计算方法如下：当符号位 S=0 时，直接将二进制位转换为十进制；当 S=1 时，先将补码变为原码，再计算十进制值。第 3 和第 4 字节是复制 TH 和 TL，同时第 3 和第 4 字节的数据可以更新；第 5 个字节是复制配置寄存器，同时第 5 字节的数据可以更新；第 6 ～ 8 字节是计算机自身使用；第 9 字节是循环冗余校验值。

表 6-12 高速暂存器字节分布

内容	字节
LSB	1
MSB	2
高温限值（TH）	3
低温限值（TL）	4
配置寄存器	5
保留	6
保留	7
保留	8
循环冗余校验值	9

（4）配置寄存器

配置寄存器的结构见表 6-13。

表 6-13 配置寄存器的结构

位	7	6	5	4	3	2	1	0
位名称	TM	R1	R0	1	1	1	1	1

　　低 5 位一直都是 1；TM 是测试模式位，用于设置 DS18B20 为工作模式还是测试模

式，在 DS18B20 出厂时该位被设置为 0，用户不要改动；R1 和 R0 用于设置分辨率，见表 6-14，表中 t_{CONV} 为温度转换时序。DS18B20 出厂时分辨率被设置为 12 位。

表 6-14 分辨率设置

R1	R0	分辨率 / 位	最大转换时间	
0	0	9	93.75ms	$t_{CONV}/8$
0	1	10	187.5ms	$t_{CONV}/4$
1	0	11	375ms	$t_{CONV}/2$
1	1	12	750ms	t_{CONV}

5. DS18B20 的使用方法

（1）DS18B20 外部电源的连接方式

DS18B20 可以使用外部电源 VDD，也可以使用内部的寄生电源。当 VDD 端口接 3.0 ~ 5.5V 电压时，DS18B20 使用外部电源；当 VDD 端口接地时 DS18B20 使用内部的寄生电源。无论是内部寄生供电还是外部供电，I/O 口线都要接 4.7kΩ 上拉电阻。外部电源连接如图 6-27 所示。

在外部供电方式下，DS18B20 的工作电源由 VDD 引脚接入，此时 I/O 口线不需要强上拉，不存在电源电流不足的问题，可以保证转换精度，而且理论上总线可以挂接任意多个 DS18B20，组成多点测温系统。需要注意的是在外部供电方式下，DS18B20 的 GND 引脚不能悬空，否则不能转换温度，读取的温度总是 85℃。

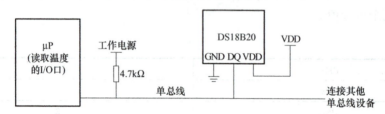

图 6-27 外部电源连接

（2）DS18B20 温度处理过程

1）配置寄存器。配置寄存器是配置不同的位数来确定温度和数字的转化。

2）温度的读取。DS18B20 在出厂时已配置为 12 位，读取温度时共读取 16 位，所以把后 11 位的二进制数转化为十进制后再乘以 0.0625 即为所测的温度。另外还需要判断正负，前 5 位数字为符号位，当前 5 位全为 1 时，读取的温度为负数；当前 5 位全为 0 时，读取的温度为正数。

3）DS18B20 控制。DS18B20 有 6 条控制指令，即 RAM 指令，见表 6-9。

4）DS18B20 的初始化。过程如下：总线主机发送一个复位脉冲（最短为 480μs 的低电平信号）；总线主机释放总线，并进入接收方式；单总线经过 5kΩ 的上拉电阻被拉至高电平状态；DS18B20 在 I/O 口线上检测到上升沿后，等待 15 ~ 60μs，接着发送存在脉冲（60 ~ 240μs 的低电平信号）。

5）向 DS18B20 发送控制指令。先通过总线向 DS18B20 发送 ROM 指令，对 ROM 进行操作；然后发送 ROM 指令，启动传感器或进行其他 RAM 操作，以完成对温度数据的转换。

（3）DS18B20 相关操作对应的时序

1）DS18B20 的复位时序。DS18B20 的复位时序如图 6-28 所示。

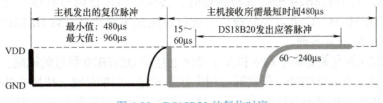

图 6-28　DS18B20 的复位时序

2）DS18B20 的读时序。DS18B20 的读时序如图 6-29 所示。DS18B20 的读时序分为读 0 时序和读 1 时序两个过程。DS18B20 的读时序是从主机把单总线拉低之后，在 15s 内就需要释放单总线，以使 DS18B20 把数据传输到单总线上。DS18B20 至少需要 60μs 才能完成一个读时序。

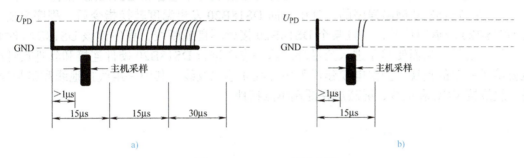

图 6-29　DS18B20 的读时序

a）读 0 时序　b）读 1 时序

3）DS18B20 的写时序。DS18B20 的写时序分为写 0 时序和写 1 时序两个过程，如图 6-30 所示。

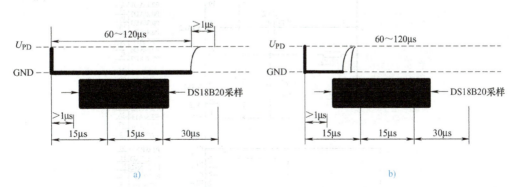

图 6-30　DS18B20 的写时序

a）写 0 时序　b）写 1 时序

DS18B20 写 0 时序和写 1 时序的要求不同。写 0 时序时，单总线要被拉低至少 60μs，保证 DS18B20 能够在 15 ～ 45μs 之间正确采样 I/O 总线上的 0 电平；写 1 时序时，单总线被拉低之后，在 15μs 之内就需要释放单总线。

6 .DS18B20 使用的注意事项

DS18B20 虽然具有测温系统简单、测温精度高、连接方便、占用口线少等优点，但在实际应用中也应注意如下四方面的问题。

1）较小的硬件开销需要相对复杂的软件进行补偿，由于 DS18B20 与微处理器间采用串行通信，因此对 DS18B20 进行读写编程时，必须严格保证读写时序，否则将无法读取测温结果。使用 PL/M、C 语言等高级语言进行系统程序设计时，对 DS18B20 进行操作的部分最好采用汇编语言实现。

2）DS18B20 的有关资料中均未提及单总线上挂接 DS18B20 数量的问题，容易使人误认为可以挂接任意多个 DS18B20，但实际应用中并非如此。当单总线上挂接 DS18B20 超过 8 个时，就需要解决微处理器的总线驱动问题，这一点在进行多点测温系统设计时要加以注意。

3）连接 DS18B20 的总线电缆有长度限制。试验中，当采用普通信号电缆传输长度超过 50m 时，读取的测温数据将发生错误；将总线电缆改为双绞线带屏蔽电缆后，正常通信距离可达 150m；当采用每米绞合次数更多的双绞线带屏蔽电缆时，正常通信距离进一步加长。这种情况主要是由总线分布电容使信号波形产生畸变造成的。因此，用 DS18B20 进行长距离测温系统设计时要充分考虑总线分布电容和阻抗匹配问题。

4）在 DS18B20 测温程序的设计中，向 DS18B20 发出温度转换指令后，程序总要等待 DS18B20 的返回信号，一旦某个 DS18B20 接触不良或断线，程序读该 DS18B20 时将没有返回信号，从而使程序进入死循环。这一点在进行 DS18B20 硬件连接和软件设计时也要给予一定的重视。测温电缆建议采用屏蔽 4 芯双绞线，其中一组线接地线和信号线，另一组线接 VCC 和地线，屏蔽层在源端单点接地。

6.5.2 DS18B20 测温电路硬件设计

在 Proteus 软件中按图 6-31 所示，绘制 DS18B20 测温电路。

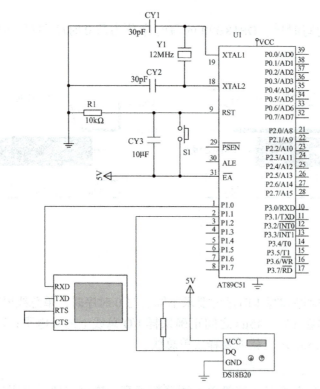

图 6-31 DS18B20 测温电路

6.5.3　DS18B20 测温电路软件设计

DS18B20 测温电路的程序代码如下。

```c
#include <reg52.h>
#include <intrins.h>
#define    uchar  unsigned char
#define    uint   unsigned int
#define    u8     unsigned char
#define    u16    unsigned int
#define u32    unsigned long int
#define uchar32  unsigned long char
unsigned int sdata;  // 测量温度的
                     // 整数部分
unsigned char xiaoshu1;
// 精确延时函数
// 延时 1μs：用于切换引脚电平时等待引脚
// 电平稳定
void delay1us(void)
// 12MHz,12 分频单片机
{
}
// 延时 7μs：产生读时序后，延时 7μs，
// 然后单片机读取引脚电平
void delay7us(void)
// 12MHz,12 分频单片机
{
    // 调用占 2 个周期
    _nop_();_nop_();
    _nop_();_nop_();_nop_();
}
// 延时 15μs：拉低 500μs 复位后,DS18B20
// 在 15μs 后会发出存在脉冲
void delay15us(void)
// 12MHz,12 分频单片机
{
        // 调用占 2 个周期
    _nop_();_nop_();_nop_();_nop_
// 粗略可调延时函数
void delayms(u16 ms)
{
    while(ms--)
    {
unsigned char a,b,c;
for(c=1;c>0;c--)
for(b=142;b>0;b--)
for(a=2;a>0;a--);
    }
```

```c
// 小数第 1 位
unsigned char xiaoshu2;
// 小数第 2 位
unsigned char xiaoshu;// 两位小数
bit  fg=1;          // 温度正负标志
sbit P10 = P1^0;
sbit P11 = P1^1;
sbit P12=P1^2;// 通信端口使用
#define    TX_0    P10=0
#define    TX_1    P10=1
// uchar32 *p=sort_temp;

();_nop_();_nop_();
    _nop_();_nop_();_nop_();_nop_
();_nop_();_nop_();
    _nop_();
}
// 延时 60μs：产生写时序后，延时 60μs，
// 等待 DS18B20 成功读取引脚电平
void delay60us(void)
// 12MHz,12 分频单片机
{
unsigned char a,b;
for(b=11;b>0;b--)
for(a=1;a>0;a--);
}
// 延时 500μs：复位时用到
void delay500us(void)
// 12MHz,12 分频单片机
{
unsigned char a,b;
for(b=99;b>0;b--)
for(a=1;a>0;a--);
}

void delay(void)
// 417μs 对应比特率为 2400bit/s
{
unsigned char a;
for(a=206;a>0;a--);
}
```

```
// DS18B20 读 1 字节
//u8 DS18B20_Read_Byte(void)
{
    u8 i;
    u8 byte = 0;
    for(i = 0;i < 8;i++)
    {
        byte>>= 1;
        P11=0;
        delay1us();
        P11=1;
// 上升沿产生读时序
// 向 DS18B20 写 1 字节
void DS18B20_Write_Byte(u8 byte)
{
    u8 i = 0;
    for(i = 0;i < 8;i++)
    {
        P11=0;          //下降沿产生写时序
delay1us();
if(byte & 0x01)
// 把数据对应位的电平送到 DQ 引脚
{   P11=1;}
// 复位 DS18B20
void DS18B20_RST(void)
{
    P11=1;
    delay1us();
    P11=0;
    delay500us();        // 拉低 500μs, 复位信号
    P11=1;               // DQ=1
    delay15us();         // 延时 15μs
}
// DS18B20 存在检测，返回 0 表示器件存在，返回 1 表示器件不存在
u8 DS18B20_Check(void)
{
    u8 revalue = 0;
    u8 times = 0;
    while(times < 240 &&(P11!= 0))
// 检测到低电平时跳出或者循环 240 次后跳出
    {
        times++;
        delay1us();
    }
    if(times >= 240)
        revalue = 1;
else
        times = 0;
```

```
    delay7us();
    // 至少 7μs 以后，读取 DS18B20 数据，
    但也不能过大，例如延时 15μs 就不正常了
    if(P11)
    {   byte |= 0x80; }
        delay60us();
        P11=1; // 释放总线
    }
    return byte;
}


    else
    {   P11=0;}
    delay60us();
    // 延时 60μs, 等待 DS18B20 读取引脚
    电平
    byte>>= 1;
    P11=1; // 释放总线
    }
}
```

```
    while(times < 240 &&(P11== 0))
// 检测到高电平时跳出
    {
        times++;
        delay1us();
    }
    if(times < 240)
        revalue = 0;
    else
        revalue = 1;

    return revalue;
}
```

```
// 读取 DS18B20 温度值
float DS18B20_Read_Temp(void)
{

int TEMP_INT;
float TEMP;
u8 H8,L8;
DS18B20_RST();// 复位
DS18B20_Check();
DS18B20_Write_Byte(0xcc);
// 跳过 ROM 指令。此处为单个传感器，所
// 以不必读取 ROM 里的序列号
DS18B20_Write_Byte(0x44);
// 开始转换
DS18B20_RST();// 复位
DS18B20_Check();
DS18B20_Write_Byte(0xcc);
// 跳过 ROM 指令。此处为单个传感器，
// 所以不必读取 ROM 里的序列号
DS18B20_Write_Byte(0xbe);
// 读寄存器，共 9 字节，前 2 字节为转换值
L8 = DS18B20_Read_Byte();
// 低 8 位
H8 = DS18B20_Read_Byte();
// DS18B20 初始化配置引脚
u8 DS18B20_Init(void)
{
    u8 revalue = '?';
    DS18B20_RST();
    revalue = DS18B20_Check();
    if(revalue == 0)
    {
        DS18B20_Read_Temp();
    }
    return revalue;
}
void SendByte(unsigned char num)
{
    unsigned char i;
    TX_0;
    delay();              // 起始位
    for(i = 0;i < 8;i++)
    {
        if(num&0x01)      // 先发低位
            TX_1;
        else
            TX_0;
        num>>= 1;
```

```
// 高 8 位
if(H8>0x7f)// 最高位为 1 时温度是负值
  {
L8= ~ L8;
H8= ~ H8+1;
// 补码转换，取反加 1
fg=1;   // 读取温度为负值时 fg=1
}
xiaoshu1 =(L8&0x0f)*10/16;
// 小数第 1 位
xiaoshu2 =(L8&0x0f)*100/16%10;
// 小数第 2 位
xiaoshu=xiaoshu1*10+xiaoshu2;
// 小数两位
TEMP_INT =(H8 << 8)| L8;
// 将高 8 位左移 8 位后与低 8 位相加（此
// 处按位或相当于相加）
TEMP = TEMP_INT * 0.0625;
// 默认为 12 位 A/D 转换器对应的转换精度
// 为 0.0625
return TEMP;
}


        delay();
    }
    TX_1;
    delay();    // 停止
}
void main()
{
float temp = 0;
    u8 zhengs = 0;
    u8 xiaos = 0;
    DS18B20_Init();
    delayms(900);
    while(1)
    {
    temp = DS18B20_Read_Temp();
        zhengs = temp;
        delayms(100);
        SendByte('T');
        SendByte(':');
        SendByte(zhengs/10%10 + '0');
        SendByte(zhengs%10 + '0');
        SendByte('.');
```

```
SendByte(xiaoshu1+ '0');              SendByte(13); // 回车
SendByte(xiaoshu2+ '0');                  }
SendByte(10); // 换行                  }
```

6.5.4　测温系统硬件设计

测温系统电路如图 6-32 所示，将 DS18B20 采集到的信息上传给个人计算机。先实现串口助手发来的信息发送给单片机，保存在一个数组中，然后将数组中的内容发送给个人计算机，通过一发一收来检查数据的正确性。

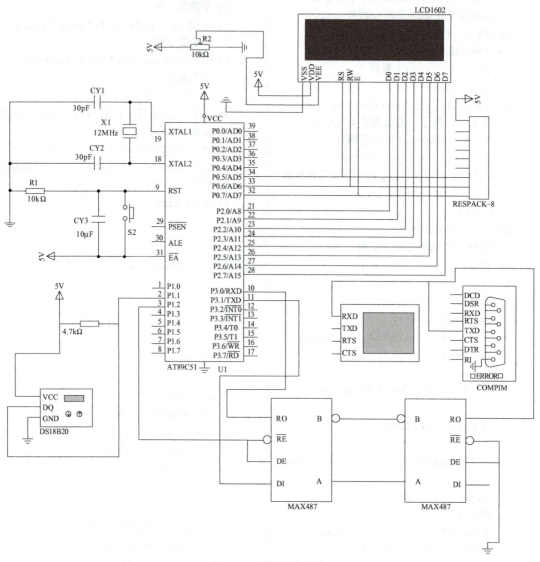

图 6-32　测温系统电路

6.5.5　测温系统软件设计

测温系统的程序代码如下。

```c
#include <reg52.h>
#include <intrins.h>
#define uchar unsigned char
#define uint unsigned int
#define u8 unsigned char
#define u16 unsigned int
#define u32 unsigned long int
#define uchar32
unsigned long char
u8 num_temp[]={"0123456789"};
char code sort_temp[]={"+33.3\
n\r"};
// 精确延时函数
// 延时 1μs: 用于切换引脚电平时等待引脚
// 电平稳定
void delay1us(void)
// 12MHz,12 分频单片机
{
}
// 延时 7μs: 产生读时序后延时 7μs, 然后
// 单片机读取引脚电平
void delay7us(void)
// 12MHz,12 分频单片机
{
    // 调用占 2 个周期
    _nop_();_nop_();
    _nop_();_nop_();_nop_();
}
// 延时 15μs: 拉低 500μs 复位后,
//DB18B20 在 15μs 后会发出存在脉冲
void delay15us(void)
// 12MHz,12 分频单片机
{
// 调用占 2 个周期
_nop_();_nop_();_nop_();_nop_
// 粗略可调延时函数
void delayms(u16 ms)
{
    while(ms--)
    {
unsigned char a,b,c;
for(c=1;c>0;c--)
for(b=142;b>0;b--)
for(a=2;a>0;a--);
// DS18B20 读 1 字节
u8 DS18B20_Read_Byte(void)
{
```

```c
u8 dis_buffer[6];
// 定义数据缓冲数组
sbit rs=P0^5;
// LCD1602 的数据 / 指令寄存器选择控制线
sbit rw=P0^6;
// LCD1602 的读写控制线
sbit en=P0^7;
// LCD1602 的使能控制线
sbit P11 = P1^1;
sbit P12=P1^2;// 通信端口使用
// uchar32 *p=sort_temp;


();_nop_();_nop_();
    _nop_();_nop_();_nop_();_nop_
();_nop_();_nop_();
    _nop_();
}
// 延时 60μs: 产生写时序后 , 延时 60μs,
// 等待 DB18B20 成功读取引脚电平
void delay60us(void)
// 12MHz,12 分频单片机
{
unsigned char a,b;
for(b=11;b>0;b--)
for(a=1;a>0;a--);
}
// 延时 500μs: 复位时用到
void delay500us(void)
// 12MHz,12 分频单片机
{
unsigned char a,b;
for(b=99;b>0;b--)
for(a=1;a>0;a--);
}


    }
}
 void delay(uint n)// 延时函数
{
uint x,y;
for(x=n;x>0;x--)
for(y=110;y>0;y--);
}

    u8 i;
    u8 byte = 0;
```

```c
    for(i = 0;i < 8;i++)
    {
        byte>>= 1;
        P11=0;
        delay1us();
        P11=1;
// 上升沿产生读时间间隙
        delay7us();
// 向 DS18B20 写 1 字节
void DS18B20_Write_Byte(u8 byte)
{
    u8 i = 0;
    for(i = 0;i < 8;i++)
    {
        P11=0;// 下降沿产生写时序
        delay1us();
        if(byte & 0x01)
// 把数据对应位的电平送到 DQ 引脚
// 复位 DS18B20
void DS18B20_RST(void)
{
    P11=1;
    delay1us();
    P11=0;
    delay500us();      // 拉低 500μs，复位信号
    P11=1;             // DQ=1
    delay15us();       // 延时 15μs
}
// DS18B20 存在检测，返回 0 表示器件存在，返回 1 表示器件不存在
u8 DS18B20_Check(void)
{
    u8 revalue = 0;
    u8 times = 0;
    while(times < 240 &&(P11!= 0))
// 检测到低电平时跳出或者循环 240 次后
// 跳出
    {
        times++;
        delay1us();
    }
    if(times >= 240)
        revalue = 1;
    else
// 读取 DS18B20 温度值
float DS18B20_Read_Temp(void)
{
    int TEMP_INT;

        if(P11)
        {   byte |= 0x80; }
        delay60us();
        P11=1;  // 释放总线
    }
    return byte;
}

        {   P11=1;}
        else
        {   P11=0;}
        delay60us();
// 延时 60μs，等待 DS18B20 读取引脚
        byte>>= 1;
        P11=1;  // 释放总线
    }
}

        times = 0;
    while(times < 240 &&(P11== 0))
// 检测到高电平时跳出
    {
        times++;
        delay1us();
    }
    if(times < 240)
        revalue = 0;
    else
        revalue = 1;

    return revalue;
}

    float TEMP;
    u8 H8,L8;
    DS18B20_RST();
```

```
// 复位
   DS18B20_Check();
   DS18B20_Write_Byte(0xcc);
// 跳过 ROM 指令。此处为单个传感器，所
// 以不必读取 ROM 里的序列号
   DS18B20_Write_Byte(0x44);
// 开始转换
   DS18B20_RST();
// 复位
   DS18B20_Check();
DS18B20_Write_Byte(0xcc);
// 跳过 ROM 指令。此处为单个传感器，所
以不必读取 ROM 里的序列号
DS18B20_Write_Byte(0xbe);
// DS18B20 初始化配置引脚
u8 DS18B20_Init(void)
{
   u8 revalue = '?';
   DS18B20_RST();
   revalue = DS18B20_Check();
   if(revalue == 0)
```

// LCD1602 显示
```
void lcd_wcom(uchar com)
```
// LCD1602 写指令函数（单片机给
//LCD1602 写指令）
```
{   // LCD1602 接收到指令后，不用存储，
```
直接由 HD44780 执行并产生相应动作
```
   rs=0;      // 选择指令寄存器
   rw=0;      // 选择写
   P2=com;  // 把指令字送入 P2
   delay(5);
```
// 延时一小段时间，让 LCD1602 准备接收
// 数据
```
   en=1;    // 使能线电平变化，指令送入
```
LCD1602 的 8 位数据口
```
en=0;
}
void lcd_wdat(uchar dat)
```
// LCD1602 写数据函数
```
{
   rs=1;        // 选择数据寄存器
   rw=0;        // 选择写
   P2=dat;      // 把要显示的数据送入 P2
   delay(5);  // 延时一小段时间，让
               //LCD1602 准备接收数据
en=1;
```
// 使能线电平变化，数据送入 LCD1602 的

```
// 读寄存器，共 9 字节，前 2 字节为转换值
L8 = DS18B20_Read_Byte();
// 低 8 位
H8 = DS18B20_Read_Byte();
// 高 8 位
TEMP_INT =(H8 << 8)| L8;
// 将高 8 位左移 8 位后与低 8 位相加（此
// 处按位或相当于相加）
TEMP = TEMP_INT * 0.0625;
// 默认为 12 位 A/D 转换器对应的转换精度
// 为 0.0625
   return TEMP;
}


   {
      DS18B20_Read_Temp();
   }
   return revalue;
}


//8 位数据口
en=0;
}
void lcd_init()// LCD1602 初始化
// 函数
{
   lcd_wcom(0x38);
//8 位数据，双列，5×7 点阵
   lcd_wcom(0x0c);
// 开启显示功能，关光标，光标不闪烁
   lcd_wcom(0x06);
// 显示地址递增，即写 1 个数据后，显示
// 位置右移 1 位
   lcd_wcom(0x01);// 清屏
}
// 串口初始化
void serial_init(){
 TMOD=0x20;
TL1=0xfd;TH1=0xfd;
SCON=0x50;
PCON &= 0xef;
TR1=1;
IE=0x00;
P12=1;
}
```

```
void main()
{
u16 temp = 0;
u8 zhengs = 0;
u8 xiaos = 0;
uint baiwei,shiwei,gewei;
DS18B20_Init();
lcd_init();
delayms(900);
// LCD1602 初始化
while(1)
{
uchar i=0;
temp = DS18B20_Read_Temp();
if(temp & 0x8000)      //判定是否为负
{
temp= ~ temp+1;
temp=(temp*0.0625)*10+0.5;
zhengs = temp;         // 整数
xiaos =(temp - zhengs)*10 + 0.5;
                        // 小数
baiwei=   temp/1000;
shiwei=zhengs/10%10;
gewei= zhengs%10;
lcd_wcom(0x80);
// 显示地址设为 80H(00H) 即第 1 排第 1
// 位 ( 也是执行一条指令 )
lcd_wdat('-');
lcd_wcom(0x81);
lcd_wdat(num_temp[baiwei]);
lcd_wcom(0x82);
lcd_wdat(num_temp[shiwei]);
lcd_wcom(0x83);
lcd_wdat(num_temp[gewei]);
lcd_wcom(0x84);
lcd_wdat('.');
lcd_wcom(0x85);
lcd_wdat(num_temp[temp%10]);
delay(200);
dis_buffer[0]=num_temp[shiwei];
dis_buffer[1]=num_temp[gewei];
dis_buffer[2]='.';
```

```
dis_buffer[3]=num_temp[temp%10];
dis_buffer[4]='\n';
dis_buffer[5]='\r';
}
else
{
    zhengs = temp;// 整数
    xiaos =(temp - zhengs)*10 + 0.5;
                    // 小数
    baiwei=temp/1000;
    shiwei=zhengs/10%10;
    gewei= zhengs%10;
    lcd_wcom(0x80);
    lcd_wdat('+');
    lcd_wcom(0x81);
    lcd_wdat(num_temp[shiwei]);
    lcd_wcom(0x82);
    lcd_wdat(num_temp[gewei]);
    lcd_wcom(0x83);
    lcd_wdat('.');
    lcd_wcom(0x84);
    lcd_wdat(num_temp[temp%10]);
// 把结果保存到数组中，准备送串口显示
dis_buffer[0]=num_temp[shiwei];
dis_buffer[1]=num_temp[gewei];
dis_buffer[2]='.';
dis_buffer[3]=num_temp[temp%10];
dis_buffer[4]='\n';
dis_buffer[5]='\r';
delay(200);
}  // 送串行口显示
serial_init();
while(i<=5)
{
SBUF=dis_buffer[i];
while(!TI);
TI=0;
i++;
}
delay(200);
    }}
```

任务 6.6　拓展训练　红外测温系统设计

红外体温计是一种利用辐射原理测量体温的测量计，它采用的红外传感器，只吸收人体辐射的红外线，而不向外界发射任何射线，通过非接触的方法感应人体的体温。红外体温计多分为接触式和非接触式两种。

红外测温又称为辐射测温，一般使用热电型或光电探测器作为检测元件。此测温系统

比较简单，可以实现大面积测温，也可以测量被测物体上某一点的温度；可以是便携式，也可以是固定式，使用方便。它的制造工艺简单，成本较低，测温时不接触被测物体，具有响应时间短、不干扰被测温场、使用寿命长、操作方便等一系列优点，但利用红外辐射测量温度，也必然受到物体发射率、测温距离、烟尘和水蒸气等外界因素的影响，测量误差较大。

　　红外测温系统一般由远红外透镜及滤光系统（红外传感器）、测试装置、A/D 转换器、微处理机（单片机）和终端显示组成。

　　下面以 TN901 红外传感器结合所学内容，设计一款简单的温度计。

　　TN901 红外传感器输出的是数字信号，其引脚如图 6-33 所示。

引脚功能如下。

①V：电源 VCC（3 ～ 5V）。

②D：数据接收引脚，无数据时为高电平。

③C：时钟（2kHz）。

④G：接地。

⑤A：测试引脚，即测温启动信号引脚，低电平有效。

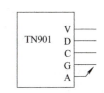

图 6-33　TN901 引脚

6.6.1　红外测温系统硬件设计

按图 6-34 所示绘制红外测温系统电路。

6.6.2　红外测温系统软件设计

红外测温系统的程序代码如下。

```
// 宏定义
#define uchar unsigned char
#define uint  unsigned int
// 头函数
#include <reg52.h>
// 全局变量定义
float Temp;
float HJTemp,MBTemp;

// TN901 红外传感器头函数
#include <TN9.h>
// LCD1602 头函数
#include <LCD.h>
// 按键
sbit K =P1^2;
sbit LR=P1^0;
sbit LG=P1^1;

// 主函数
void main()
{
    // 屏幕初始化
    Init_LCD();
    // 开启指示灯
    LR=1;
    LG=0;
    // 开始按键
    while(K==1);
    // 温度显示初始化
    Init_T();

    // 循环读码
    while(1)
    {
        LR= ~ LR;
        // 读取目标温度
        TN_IRACK_UN();
        TN_IRACK_EN();
        TN_GetData(0x4c);
        MBTemp=Temp;
        LR= ~ LR;
        // 读取环境温度
        TN_IRACK_UN();
        TN_IRACK_EN();
```

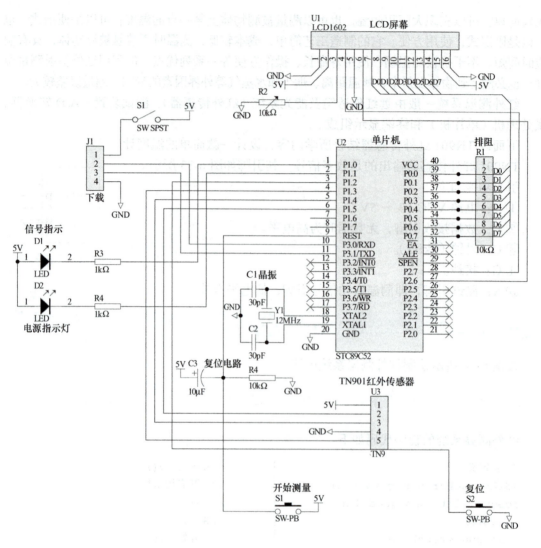

图 6-34　红外测温系统电路

```
TN_GetData(0x66);                    sbit TN_ACK=P1^3;      // TN901 触发
HJTemp=Temp;                         sbit TN_Clk=P1^4;
// 显示                              // TN901 时钟线
Display(MBTemp,HJTemp);              sbit TN_Data=P1^5;
    }                                // TN901 数据线
}                                    uchar ReadData[5];
// 引脚定义
// 红外传感器启动函数：格式为 "void TN_IRACK_EN(void)"，无入口参数和出口参数
void TN_IRACK_EN(void)
{
    TN_ACK=0;
}
// 红外传感器关闭函数：格式为 "void TN_IRACK_UN(void)"，无入口参数和出口参数
void TN_IRACK_UN(void)
{
    TN_ACK=1;
```

```
}
// 读测量数据函数：格式为 "int TN_ReadData(void)"
void TN_ReadData(uchar Flag)
{
    uchar i,j,k;
    bit BitState=0;
    for(k=0;k<7;k++)
    {
        for(j=0;j<5;j++)
        {
            for(i=0;i<8;i++)
            {
                while(TN_Clk);
```

```
                BitState=TN_Data;
                ReadData[j]= ReadData[j]<<1;
                ReadData[j]= ReadData[j]|BitState;
                while(!TN_Clk);
            }
        }
        if(ReadData[0]==Flag)
            k=8;
    }
    TN_IRACK_UN();
}
```

```
// TN01 红外传感器目标数据测量函数：无输入，输出为无符号整数返回值
void TN_GetData(uchar X)
{
    TN_ReadData(X);
    Temp=(ReadData[1]<<8)|ReadData[2];
    Temp=(float)Temp/16.00-273.15;
}
// 测量与显示
// 引脚定义
sbit rs=P2^7;
sbit lcden=P2^6;

// 屏幕初始化
// 待机时间显示
uchar code table0[]="Welcome to
the";
uchar code table1[]="    TN9
System";
uchar code table2[]="Target
T:00.0 C";
uchar code table3[]="Milieu
T:00.0 C";

// 等待函数
void delay_LCD(uint z)
{
    uint x,y;
    for(x=z;x>0;x--)
        for(y=110;y>0;y--);
}

// LCD1602 写指令
void write_com(uchar com)
```

```
{
    rs=0;
    lcden=0;
    P0=com;
    delay_LCD(1);
    lcden=1;
    delay_LCD(1);
    lcden=0;
}

// LCD1602 写数据
void write_date(uchar date)
{
    rs=1;
    lcden=0;
    P0=date;
    delay_LCD(1);
    lcden=1;
    delay_LCD(1);
    lcden=0;
}

// 初始化
void Init_LCD()
{
```

```
uchar num;
lcden=0;
// 屏幕初始化
write_com(0x38);
write_com(0x0c);
write_com(0x06);
write_com(0x01);
write_com(0x80);
// 时间
write_com(0x01);
write_com(0x80);
for(num=0;num<16;num++)
{
    write_date(table0[num]);
}
write_com(0x80+0x40);
for(num=0;num<16;num++)
{
    write_date(table1[num]);
}
}

// 初始化
void Init_T()
{
    uchar num;
    lcden=0;
    // 屏幕初始化
    write_com(0x38);
    write_com(0x0c);
    write_com(0x06);
    write_com(0x01);
    write_com(0x80);
    // 时间
    write_com(0x01);
    write_com(0x80);
    for(num=0;num<16;num++)
    {
        write_date(table2[num]);
    }
    write_com(0x80+0x40);
    for(num=0;num<16;num++)
    {
        write_date(table3[num]);
    }
}
```

```
// 显示函数,MT 为目标温度,HT 为环境温度
void Display(float MT,float HT)
{
    uint temp=0;
    // 温度错误
    if(MT>220.0||MT<-33.0)
    {
        write_com(0x80+9);
        write_date(' ');
        write_date('E');
        write_date('r');
        write_date('r');
        write_date('o');
        write_date('r');
        write_date(' ');
    }
    // 正温度
    else if(MT>=0)
    {
        if(MT<10)
        {
            temp=MT*10;
            write_com(0x80+9);
            write_date(' ');
            write_date(' ');
            write_date('0'+temp/10);
            write_date('.');
            write_date('0'+temp%10);
            write_date(0xdf);
            write_date('C');
        }
        else if(MT<100)
        {
            temp=MT*10;
            write_com(0x80+9);
            write_date(' ');
            write_date('0'+temp/100);
            write_date('0'+temp/10%10);
            write_date('.');
            write_date('0'+temp%10);
            write_date(0xdf);
            write_date('C');
        }
        else if(MT<=200)
        {
            temp=MT*10;
            write_com(0x80+9);
```

```
        write_date('0'+temp/1000);
        write_date('0'+temp/
        100%10);
        write_date('0'+temp/
        10%10);
        write_date('.');
        write_date('0'+temp%10);
        write_date(0xdf);
        write_date('C');
        }
    }
// 负温度
else if(MT<0)
{
    if(MT>-10)
    {
        temp=-10*MT;
        write_com(0x80+9);
        write_date(' ');
        write_date('-');
        write_date('0'+temp/10);
        write_date('.');
        write_date('0'+temp%10);
        write_date(0xdf);
        write_date('C');
    }
    else if(MT>-100)
    {
        temp=-10*MT;
        write_com(0x80+9);
        write_date('-');
        write_date('0'+temp/100);
        write_date('0'+temp/10%10);
        write_date('.');
        write_date('0'+temp%10);
        write_date(0xdf);
        write_date('C');
    }
}
// 温度错误
if(HT>50.0||HT<-10.0)
{
    write_com(0x80+0x40+9);
    write_date(' ');
    write_date('E');
    write_date('r');
    write_date('r');
```

```
    write_date('o');
    write_date('r');
    write_date(' ');
}
// 正温度
else if(HT>=0)
{
    if(HT<10)
    {
        temp=10*HT;
        write_com(0x80+0x
        40+9);
        write_date(' ');
        write_date(' ');
        write_date('0'+
        temp/10);
        write_date('.');
        write_date('0'+temp%10);
        write_date(0xdf);
        write_date('C');
    }
    else if(HT<100)
    {
        temp=10*HT;
        write_com(0x80+0x
        40+9);
        write_date(' ');
        write_date('0'+temp/100);
        write_date('0'+temp/10%10);
        write_date('.');
        write_date('0'+temp%10);
        write_date(0xdf);
        write_date('C');
    }
}
// 负温度
else if(HT<0)
{
    if(HT>-10)
    {
        temp=-10*HT;
        write_com(0x80+0x40+9);
        write_date(' ');
        write_date('-');
        write_date('0'+temp/10);
        write_date('.');
        write_date('0'+temp%10);
```

```
        write_date(0xdf);                       write_date('0'+temp/10%10);
        write_date('C');                        write_date('.');
    }                                           write_date('0'+temp%10);
    else if(HT>-100)                            write_date(0xdf);
    {                                           write_date('C');
        temp=-10*HT;                        }
        write_com(0x80+0x40+9);             }
        write_date('-');                }
        write_date('0'+temp/100);
```

项目小结

本项目介绍了单片机串行口知识，还介绍了单总线技术。单总线技术是达拉斯半导体公司推出的一项通信技术，它采用单根信号线，既能传输时钟，又能传输数据，而且数据传输是双向的。主机和从机通过一条线进行通信，在一条总线上可挂接的从器件数量几乎不受限制。单总线初始化过程包括复位脉冲和从机应答脉冲。主机通过拉低单总线480～960μs产生复位脉冲，然后释放单总线，进入接收模式。主机释放单总线时，会产生低电平跳变为高电平的上升沿，从机检测到上升沿之后，延时15～60μs，从机拉低总线60～240μs以产生应答脉冲。主机接收到从机的应答脉冲说明从机准备就绪，初始化过程完成。写时序过程为：当总线拉低后，在15～60μs的时间窗口内对总线进行采样。如果总线为低电平，就是写0时序；如果总线为高电平，就是写1时序。主机要产生一个写1时序，就必须把总线拉低，在写时序开始后的15μs内允许总线拉高。主机要产生一个写0时序，就必须把总线拉低并保持60μs。读时序过程为：当主机把总线拉低，并保持至少1μs后释放总线，必须在15μs内读取数据。

课后练习

1. 什么是异步串行通信？它有哪些特点？
2. 51系列单片机串行口由哪些功能部件组成？各有何作用？
3. AT89C51的串行口SBUF只有一个地址，如何判断是发送信号还是接收信号？
4. AT89C51的串行口有几种工作方式？各工作方式下的数据格式和传送速率有何区别？

项目 7　数字电压表和 D/A 转换器设计

项目导读

　　工匠精神是我们宝贵的精神财富，是新时代的精神指引，是中国共产党人精神谱系的重要组成部分。习近平总书记曾在 2020 年召开的全国劳动模范和先进工作者表彰大会上精辟概括工匠精神的深刻内涵——执着专注、精益求精、一丝不苟、追求卓越。

　　进入现代工业社会，伴随手工艺向机械技艺及智能技艺转换，传统手工工匠似乎远离了人们的生活，但工匠并不是消失了，而是以新的面貌出现，即现代工业领域里的新型工匠、机械技术工匠和智能技术工匠。我国要成为制造强国，面临着从制造大国向智造大国的升级转换，对技能的要求直接影响到工业水准和制造水准的提升，因而更需要将中国传统文化中所深蕴的工匠精神在新时代条件下发扬光大。

　　数字电压表作为一种计量器具，是当代工匠必不可少的工具之一。为弘扬工匠精神，本项目以单片机为核心，利用 ADC0809 设计数字电压表，利用 DAC0832 设计 D/A 转换器。

项目目标

知识目标	1. 了解 A/D 转换器的主要性能指标 2. 了解行业标准中电子元器件的规范 3. 能叙述 A/D 转换器的主要性能指标
技能目标	1. 掌握 ADC0809 的工作原理及其与 AT89C51 系列单片机的接口设计方法 2. 能独立分析和解决硬件设计和软件设计中的问题 3. 掌握 DAC0832 的使用方法 4. 能叙述 ADC0809 的工作原理
素养目标	1. 培养爱岗敬业、严谨细致、精益求精、求真务实、团队协作精神 2. 遵守职业操作规范、环境清洁、安全用电、5S 管理规范

任务 7.1　数字电压表设计

　　本任务用 AT89C51 和 ADC0809 设计一个简单的数字电压表，可以测量 0 ～ 5V 的电压，并将测得的电压数值显示在一个 4 位共阴极数码管上，要求测量精度为 0.01V，即测量结果保留两位小数。

7.1.1 A/D 转换基本原理

能够将模拟量转换成数字量的器件称为 A/D 转换器。目前 A/D 转换器都已实现集成化，具有体积小、功能强、可靠性高、误差小、功耗低等特点，并且能够很方便地与单片机进行连接。

A/D 转换器的基本原理是把输入的模拟信号按规定的时间间隔采样，并与一系列标准的数字信号相比较，数字信号逐次收敛，直至两种信号相等为止，最后显示出代表此信号的二进制数。A/D 转换器有很多种，如直接的、间接的、高速高精度的、超高速的等，每种又有许多形式。与 A/D 转换器功能相反的称为 D/A 转换器，又称译码器，它是把数字量转换成连续变化的模拟量的装置，也有许多种类和许多形式。A/D 转换的一般过程如图 7-1 所示，模拟信号经采样、保持、量化、编码后就可以转换为数字信号。这个转换过程通常由各种专用的 A/D 转换器集成电路芯片完成，非常方便。

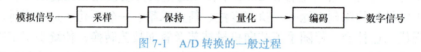

图 7-1 A/D 转换的一般过程

1. A/D 转换器的主要性能指标

A/D 转换器用于实现模拟量向数字量的转换。描述 A/D 转换器性能的指标很多，主要有如下四个。

（1）分辨率

分辨率是指 A/D 转换器能分辨的最小输入模拟量，也就是指使输出数字量变化一个相邻 1 数码所需输入模拟量的变化量。分辨率通常用能转换成的数字量的位数表示，如 8 位、10 位、12 位、16 位等。位数越高，A/D 转换器的分辨率越高。例如，对于 8 位 A/D 转换器，当输入电压满刻度值为 5V 时，其输出数字量的变化范围为 0 ～ 255，转换电路对输入模拟电压的分辨能力为 5V/255 ≈ 19.6mV。分辨率越高，A/D 转换器进行 A/D 转换时对输入模拟量的微小变化的反应越灵敏。

（2）转换时间

转换时间是指 A/D 转换器完成一次 A/D 转换所需的时间。转换时间是编程时必须考虑的指标。若 CPU 采用无条件传送方式输入 A/D 转换后的数据，则从启动 A/D 转换器进行转换开始到 A/D 转换结束，需要一定的时间，此时间为延时等待时间，实现延时等待的一段延时程序要放在启动转换程序之后，此延时等待时间必须大于或等于转换时间。

（3）量程

量程是指 A/D 转换器所能转换的输入模拟量的范围，如 0 ～ 5V、0 ～ 10V 等。

（4）精度

精度是指与输出数字量所对应的输入模拟量的实际值与理论值之间的差值。精度有绝对精度和相对精度两种表示方法。常用数字量的位数作为度量绝对精度的单位，如绝对精度为 1/2 LSB；而用百分比值表示满量程时的相对精度，如 40.05%。需要注意的是，精度和分辨率是不同的概念。精度指的是转换后所得结果相对于实际值的准确度，而分辨率指的是对转换结果产生影响的最小输入量。分辨率很高的 A/D 转换器可能由于温度漂移、线性不良等原因而并不具有很高的精度。

2. A/D 转换器的分类

A/D 转换器的种类很多。按其转换原理可分为逐次逼近（比较）式 A/D 转换器、双积分式 A/D 转换器、计数式 A/D 转换器和并行式 A/D 转换器，按其分辨率可分为 8 ~ 16 位的 A/D 转换器。目前最常用的是逐次逼近式 A/D 转换器和双积分式 A/D 转换器。逐次逼近式 A/D 转换器是一种转换速度较快、精度较高的 A/D 转换器，其转换时间在几 μs 到几百 μs 之间。常用的产品有 ADC0801 ~ ADC0805、ADC0808、ADC0809、ADC0816、ADC0817、AD574，如图 7-2a 所示。双积分式 A/D 转换器的优点是精度高、抗干扰性强、价格便宜，缺点是转换速度较慢，因此这种 A/D 转换器主要用于对转换速度要求不高的场合。常用的产品有 ICL7106、ICL7107、CL7126、MC14433、5G14433、ICL7135 等，如图 7-2b 所示。

a)　　　　　　　　　　　b)

图 7-2　A/D 转换器

a）逐次逼近式 A/D 转换器 AD574　b）双积分式 A/D 转换器 MC14433

3. A/D 转换器与单片机的接口设计方法

A/D 转换器与单片机的接口设计要考虑硬件、软件的配合。一般来说，A/D 转换器与单片机的接口设计主要考虑的是数字量输出线的连接、A/D 转换器的启动方式、转换结束后的信号处理方法以及时钟的提供方法等。

A/D 转换器数字量输出线与单片机的连接方法与其内部结构有关。内部带有三态输出锁存器的 A/D 转换器（如 ADC0809、AD574 等），可直接与单片机相连；内部不带三态输出锁存器的 A/D 转换器，一般通过三态输出锁存器或并行 I/O 口与单片机相连。在某些情况下，为了增强控制功能，内部带有三态输出锁存器的 A/D 转换器也常通过 I/O 口与单片机相连。随着位数的不同，A/D 转换器与单片机的连接方法也不同。对于 8 位 A/D 转换器，其数字量输出线与 8 位单片机数据总线对应相连。对于 8 位以上的 A/D 转换器，必须增加读取控制逻辑，把 8 位以上的数据分两次或多次读取。为了便于连接，一些 A/D 转换器内部带有读取控制逻辑，而内部不带读取控制逻辑的 A/D 转换器和 8 位单片机连接时，应增设三态输出锁存器，对转换后的数据进行锁存。

当 A/D 转换器开始转换时，必须加一个启动转换信号，这个启动转换信号由单片机提供。不同型号的 A/D 转换器对于启动转换信号的要求也不同。A/D 转换器一般分为脉冲启动型和电平启动型两种。对于脉冲启动型 A/D 转换器，如 ADC0809、AD574 等，只要给其启动控制端上加一个符合要求的脉冲信号即可，通常用 WR 和地址译码器的输出加一定的逻辑电路进行控制。对于电平启动型 A/D 转换器，当把符合要求的电平加到其启动控制端时，A/D 转换器立即开始转换，转换过程中必须保持电平不变，否则会中止转换。因此在这种启动方式下，单片机的控制信号必须锁存一段时间，一般采用 D 触发器、三态输出锁存器或并行 I/O 口等实现。AD570、AD571 等都属于电平启动型 A/D 转换器。

当 A/D 转换结束时，A/D 转换器输出一个转换结束信号，通知单片机读取转换结果。单片机检查并判断 A/D 转换结束一般采用中断方式或查询方式。若采用中断方式，则可将转换结束信号送到单片机的中断请求输入线或允许中断的 I/O 口的相应引脚上，作为中断请求信号。若采用查询方式，则可将转换结束信号经三态输出锁存器送到单片机的某位 I/O 口线上，作为查询状态信号。A/D 转换器的另一个重要连接信号是时钟，其频率决定了 A/D 转换器的转换速度，整个 A/D 转换过程都是在时钟的作用下完成的。A/D 转换时钟的提供方法有如下两种：一种是由内部提供（如 AD574），一般不需要外加电路；另一种是由外部提供，有的用单独的振荡电路产生，更多的则是把单片机输出时钟经分频后，送到 A/D 转换器的相应时钟端。

7.1.2 ADC0809 芯片介绍

ADC0809 是美国国家半导体公司生产的 CMOS 工艺 8 通道、8 位逐次逼近式 A/D 转换器，如图 7-3 所示，其内部有一个 8 通道多路开关，它可以根据地址码锁存译码后的信号，选通 8 路模拟输入信号中的一个进行 A/D 转换。

1. 内部结构

ADC0809 的内部结构如图 7-4 所示。

图 7-3 ADC0809

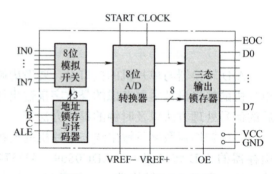

图 7-4 ADC0809 的内部结构

由图 7-4 可知，ADC0809 由 8 路模拟开关、地址锁存与译码器、8 位 A/D 转换器和三态输出锁存器组成。8 路模拟开关可选通 8 个模拟通道，允许 8 路模拟量分时输入，共用 A/D 转换器进行转换。三态输出锁存器用于锁存 A/D 转换后的数字量，当 OE 端为高电平时，才可以从三态输出锁存器取走转换后的数据。

2. 引脚结构

ADC0809 的引脚如图 7-5 所示。

（1）8 条模拟量输入通道 IN0 ～ IN7

ADC0809 要求输入模拟量信号为单极性，电压范围为 0 ～ 5V，若信号太小，必须进行放大；输入的模拟量在转换过程中应该保持不变，若模拟量变化太快，则需在输入前增加采样保持电路。

（2）4 条地址输入和控制线

ALE 为地址锁存允许输入线，高电平有效。当 ALE 为高电平时，地址锁存与译码器将 A、B、C 地址线的地

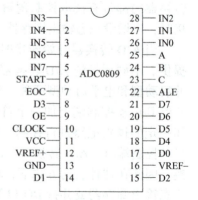

图 7-5 ADC0809 的引脚

址信号进行锁存，经译码后，被选中的通道的模拟量进入 A/D 转换器进行转换。A、B、C 为地址线，用于选择通道 IN0 ～ IN7 上的 8 路模拟量输入，通道选择见表 7-1。

表 7-1   通道选择

A	B	C	选择的通道
0	0	0	IN0
0	0	1	IN1
0	1	0	IN2
0	1	1	IN3
1	0	0	IN4
1	0	1	IN5
1	1	0	IN6
1	1	1	IN7

（3）11 条数字量输出及控制线

1）START 为转换启动信号线，当 START 为上升沿时，所有内部寄存器清 0；当 START 为下降沿时，开始进行 A/D 转换，在转换期间，START 应保持低电平。

2）EOC 为转换结束信号线，当 EOC 为高电平时，表示转换结束，否则表示正在进行 A/D 转换。

3）OE 为输出允许信号线，用于控制三态输出锁存器向单片机输出转换得到的数据。OE=1 时输出转换得到的数据，OE=0 时输出数据线呈高阻状态。

4）D7 ～ D0 为数字量输出线。

（4）其他

1）CLK 为时钟输入信号线，因 ADC0809 的内部没有时钟电路，所需时钟信号必须由外界提供，通常使用频率为 500kHz 的时钟信号。

2）VREF+ 和 VREF- 为参考电压输入。

3. 引脚与单片机的连接

当 ADC0809 与 AT89C51 单片机连接时，主要考虑 ADC0809 的数字量输出线、地址线、转换结束信号线、输出允许信号线和转换启动信号线与单片机的连接，具体连接方法如下。

1）ADC0809 的数字量输出线 D0 ～ D7 通常与单片机的数据总线 D0 ～ D7 直接相连。

2）ADC0809 的地址线 C、B、A 可以与单片机的数据总线 D0 ～ D2 连接，也可以与单片机的地址总线 A0 ～ A2 连接。

3）ADC0809 的转换结束信号线的连接方法取决于单片机判断 A/D 转换是否结束的方法。在单片机读取 A/D 转换结果之前，必须确保 A/D 转换已经结束。单片机判断 A/D 转换是否结束的方法有如下 3 种。

① 延时法：单片机启动 ADC0809 后，延时 130μs 以上，可以读到正确的 A/D 转换结果。此时，EOC 端悬空。

② 查询法：单片机启动 ADC0809 后，延时 10μs，检测 EOC。若 EOC=0，则 A/D 转换没有结束，继续检测 EOC，直到 EOC=1 为止；若 EOC=1，则 A/D 转换已经结束，单

片机可以读取 A/D 转换结果。使用查询法时，EOC 端必须接到单片机的一条 I/O 口线上。

③ 中断法：EOC 端应该经过非门接到单片机的中断请求输入端 $\overline{INT0}$ 或 $\overline{INT1}$ 上。单片机启动 A/D 转换后可以做其他工作，当 A/D 转换结束时，ADC0809 的 EOC 端出现由 0 到 1 的跳变信号，这个跳变信号经过非门传到单片机的中断请求输入端，单片机接收到中断请求信号，若条件满足，则进入中断服务子程序，在中断服务子程序中读取 A/D 转换的结果。

ADC0809 与 AT89C51 单片机的连接如图 7-6 所示。ADC0809 的转换时钟由单片机的 ALE 端提供。因为 ADC0809 的典型转换频率为 640kHz，ALE 的频率与晶振频率有关，若晶振频率取 12MHz，则 ALE 的频率为 2MHz，因此 ADC0809 的 CLK 端与单片机的 ALE 端相接时要考虑分频。AT89C51 单片机通过地址线（P2.0）和读、写控制线（$\overline{RD}$、$\overline{WR}$）控制 ADC0809 的模拟量输入通道地址锁存、启动和输出允许。模拟量输入通道地址的译码输入由 P0.0 ~ P0.2 提供，由于 ADC0809 具有通道地址锁存功能，因此 P0.0 ~ P0.2 不需要经地址锁存器接入 A ~ C。根据 P2.0 和 P0.0 ~ P0.2 的连接方法，8 路模拟量输入通道的地址按 IN0 ~ IN7 顺序为 FEF8H ~ FEFFH。

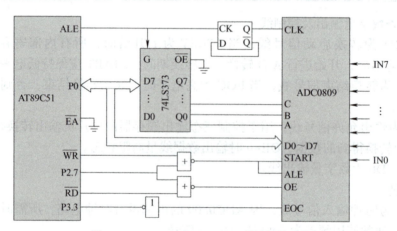

图 7-6　ADC0809 与 AT89C51 单片机的连接

ADC0809 的工作时序如图 7-7 所示。进行 A/D 转换时，通道地址应先送到 A ~ C 端，然后在 ALE 端加一个正跳变信号，将通道地址锁存到 ADC0809 内部的地址锁存器中，这样对应的模拟电压输入通道就与内部变换电路接通了。为了启动 ADC0809，必须在 START 端加一个负跳变信号，此后转换工作开始进行，标志着 ADC0809 正在工作的状态信号 EOC 由高电平

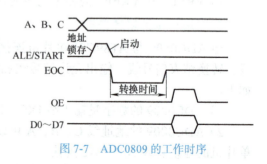

图 7-7　ADC0809 的工作时序

（空闲状态）变为低电平（工作状态）。一旦转换结束，EOC 端就由低电平变成高电平，此时只要在 OE 端加一个高电平，就可以打开数据线的三态输出锁存器从 D0 ~ D7 读取一次转换后的数据。

ADC0809 是用于读取模拟电压值的 A/D 转换芯片，在其输入通道 IN3 上接入被测电压。其模拟量输入通道只能输入 0 ~ 5V 的电压，可以选用一个简单的可调电阻，使其一端接 5V 电源，另一端接地，中间的可调脚接 ADC0809 的 IN3，只要滑动可调电阻

的可调脚，IN3 上就能输出不同的电压，将该电压通过 ADC0809 转换成数字量后送至 AT89C51 的 P3 口，AT89C51 再将接收到的数字量还原为模拟量显示在 4 位共阴极数码管上。

　　由于要将 0 ～ 5V 的模拟电压转换为 8 位数字量 0 ～ 255，每个数字量对应的单位电压值是 5V/255，所以将数字量还原为模拟量时只要将在 P3 口读取的数值乘以 5/255 即可。可以用 T0 的定时中断为 ADC0809 提供时钟信号。

4. 元器件准备

　　根据以上分析，选 AT89C51 作为 CPU，选 ADC0809 作为 A/D 转换芯片，1 个可调电阻用于获取不同的电压，1 个 4 位共阴极数码管用于显示电压，再加上 AT89C51 的外围电路，元器件清单见表 7-2。

表 7-2　元器件清单

元器件名称	数量 / 个	元器件名称	数量 / 个
AT89C51	1	1kΩ 可调电阻	1
12MHz 晶振	1	1kΩ×8 排阻	1
22pF 电容	1	4 位共阴极数码管	1
10μF 电解电容	1	ADC0809	1
10kΩ 电阻	1		

7.1.3　基于 ADC0809 的数字电压表硬件设计

　　在 Proteus 软件中按图 7-8 所示，绘制基于 ADC0809 的数字电压表电路。

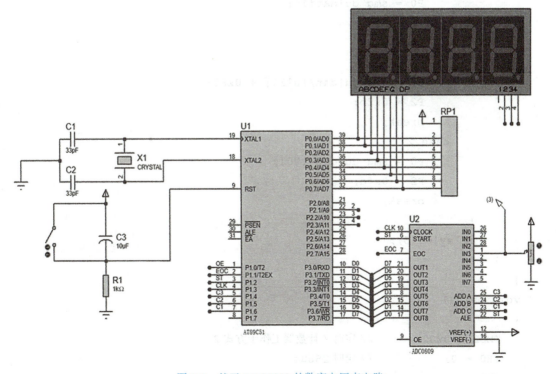

图 7-8　基于 ADC0809 的数字电压表电路

7.1.4　基于 ADC0809 的数字电压表软件设计

基于 ADC0809 的数字电压表程序代码如下。

```c
#include<reg52.h>
#include"common.h"
#include"delay.h"
uint8 smg_du[10] = {0x3f,0x06,0x5b,0x4f,0x66,0x6d,0x7d,0x07,0x7f,0x6f};
sbit oe = P1^0;            // 输出使能
sbit eoc = P1^1;           // 结束转换
sbit st = P1^2;            // 开始信号
sbit clk = P1^3;           // 时钟信号
void smg_display(uint8 dat)
{
    uint8 i;
    dat =(uint16)dat * 50 / 255;
    for(i=0;i<3;i++)
    {
        P0 = 0x00;
        switch(i)
        {
            case 0:
                P0 = smg_du[dat%10];
                P2 = 0xf7;
                break;
            case 1:
                P0 = smg_du[dat/10%10] + 0x80;
                P2 = 0xfb;
                break;
            case 2:
                P0 = smg_du[dat/100];
                P2 = 0xfd;
                break;
        }
        delay1ms(5);
    }
}
void main()
{
    TMOD = 0x02;          // 定时 / 计数器工作于方式 2
    TH0 = 0;              // 定时 256μs
    TL0 = 0;
```

```
    EA = 1;
    ET0 = 1;
    TR0 = 1;
    P1 = 0x3f;          //通道 3
    while(1)
    {
        st = 0;
        st = 1;
        st = 0;          //开始转换标志
        while(!eoc);     //等待转换完成
        oe = 1;
        smg_display(P3);
        oc = 0;
    }
}
void timer0()interrupt 1
{
    clk = ~clk;
}
```

在 Proteus 软件中双击 AT89C51 芯片，弹出如图 7-9 所示的"编辑元件"对话框，单击"确定"按钮下载可执行文件。单击仿真运行开始按钮 ▶，可以观察到数码管显示电压值，同时还能清楚地观察到每个引脚的电平变化，红色代表高电平，蓝色代表低电平。调试结果如图 7-10 所示。

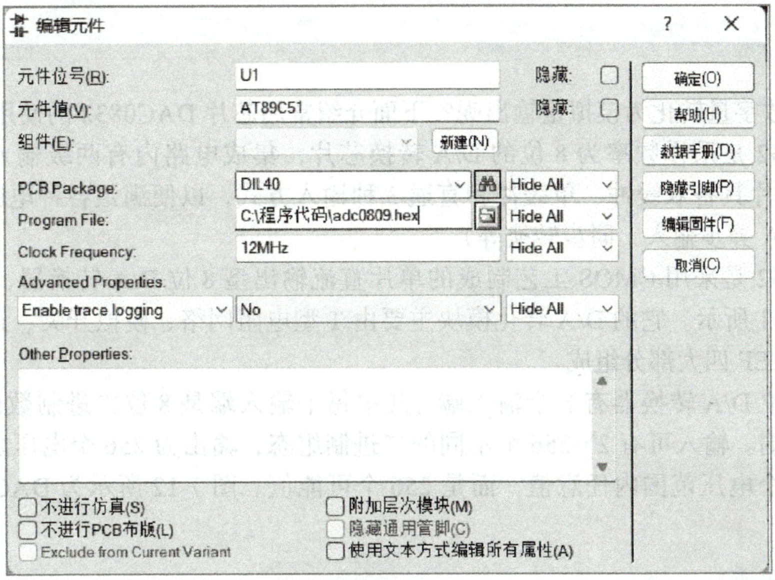

图 7-9　"编辑元件"对话框

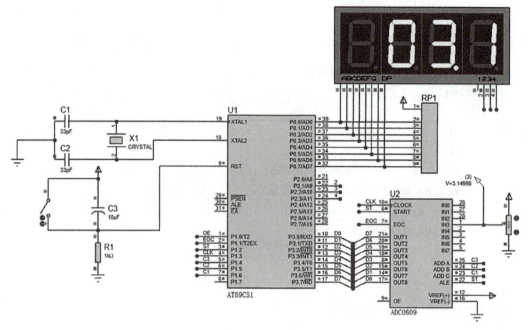

图 7-10   调试结果

任务 7.2   D/A 转换器设计

本任务设计基于 AT89C52 单片机的 D/A 转换器。采用 AT89C52 单片机作为控制核心，外围采用 D/A 转换芯片 DAC0832，将数字信号通过转换电路变为模拟信号。D/A 转换器波形的频率和幅度在一定范围内可任意改变，其设计简单、性能优良，可用于多种需要低频信号源的场所，具有一定的实用性。

7.2.1   DAC0832 芯片介绍

怎么将数字量转化为模拟量输出呢？下面介绍常用芯片 DAC0832 的使用。

DAC0832 是采样频率为 8 位的 D/A 转换芯片，集成电路内有两级输入寄存器，使 DAC0832 芯片具备双缓冲、单缓冲和直通 3 种输入方式，以便满足各种电路的需要（如要求多路 D/A 异步输入、同步转换等）。

DAC0832 是采用 CMOS 工艺制成的单片直流输出型 8 位 D/A 转换器，其 D/A 转换模块如图 7-11 所示。它的 D/A 转化模块主要由 T 型电阻网络、模拟开关、运算放大器和参考电压 VREF 四大部分组成。

一个 8 位 D/A 转换器有 8 个输入端（其中每个输入端是 8 位二进制数的 1 位）和 1 个模拟输出端。输入可有 2^8=256 个不同的二进制组态，输出为 256 个电压之一，即输出电压不是整个电压范围内任意值，而是 256 个可能值。图 7-12 所示为 DAC0832 的逻辑结构和引脚。

1. 引脚功能

1）D0 ～ D7：8 位数据输入线，TTL 电平，有效时间应大于 90ns（否则锁存器的数据会出错）。

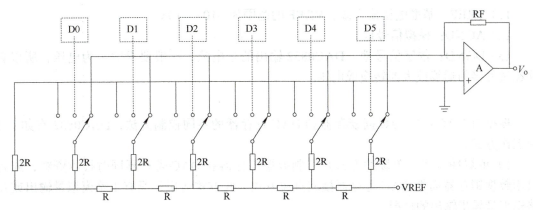

图 7-11　DAC0832 的 D/A 转换模块

2）ILE：数据锁存允许控制信号输入线，高电平有效。

3）$\overline{CS}$：片选信号输入线，用于选通数据锁存器，低电平有效。

4）$\overline{WR1}$：数据锁存器写选通输入线，负脉冲（脉宽应大于 500ns）有效。由 ILE、$\overline{CS}$、$\overline{WR1}$ 的逻辑组合产生 LE1，当 LE1 为高电平时，数据锁存器状态随输入数据线变换，LE1 负跳变时将输入数据锁存。

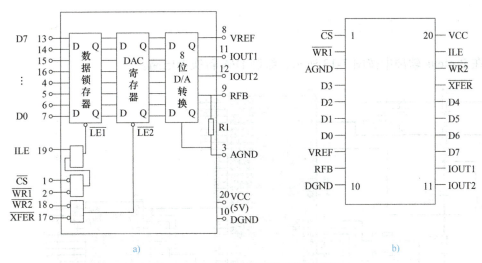

a)　　　　　　　　　　　　　b)

图 7-12　DAC0832 的逻辑结构和引脚

a）逻辑结构　b）引脚

5）$\overline{XFER}$：数据传输控制信号输入线，低电平有效，负脉冲（脉宽应大于 500ns）有效。

6）$\overline{WR2}$：DAC 寄存器选通输入线，负脉冲（脉宽应大于 500ns）有效。由 $\overline{WR2}$、$\overline{XFER}$ 的逻辑组合产生 LE2，当 LE2 为高电平时，DAC 寄存器的输出随寄存器的输入而变化，LE2 负跳变时将数据锁存器的内容输入 DAC 寄存器并开始 D/A 转换。

7）IOUT1：电流输出端 1，其值随 DAC 寄存器的内容线性变化。

8）IOUT2：电流输出端 2，其值与 IOUT1 值之和为一常数。

9）RFB：反馈信号输入线，改变 RFB 端外接电阻值可调整转换满量程精度。

10）VCC：电源输入端，VCC 的范围为 5～15V。

11）VREF：基准电压输入线，VREF 的范围为 –10 ～ 10V。

12）AGND：模拟信号地。

13）DGND：数字信号地。DAC0832 输出的是电流，一般要求输出为电压，所以必须经过外接的运算放大器转换成电压。

2. 工作方式

根据对 DAC0832 的数据锁存器和 DAC 寄存器的不同控制方法，DAC0832 有如下 3 种工作方式。

1）单缓冲方式。单缓冲方式是控制数据锁存器和 DAC 寄存器同时接收资料，或者只用数据锁存器而把 DAC 寄存器接成直通方式。此方式适用于只有 1 路模拟量输出或几路模拟量异步输出的情况。

2）双缓冲方式。双缓冲方式是先使数据锁存器接收资料，再控制数据锁存器输出资料到 DAC 寄存器，即分两次锁存输入资料。此方式适用于多个 D/A 转换同步输出的情况。

3）直通方式。直通方式是资料不经两级锁存器锁存，即 $\overline{WR1}$、$\overline{WR2}$、$\overline{XFER}$、$\overline{CS}$ 均接地，ILE 接高电平。此方式适用于连续反馈控制线路，但使用时必须通过另加 I/O 口与 CPU 连接，以匹配 CPU 与 D/A 转换。

7.2.2 D/A 转换器硬件设计

在 Proteus 软件中按图 7-13 所示，绘制 D/A 转换器电路。

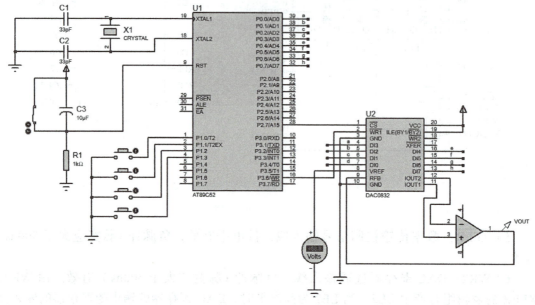

图 7-13　D/A 转换器电路

7.2.3 D/A 转换器软件设计

D/A 转换器对应的程序代码如下。

```c
#include <reg51.h>
#include <intrins.h>
#include<ABSACC.H>
#define uchar unsigned char
#define  data_OUT  XBYTE[0x7fff]// 定义 DAC0832 端口地址
// 产生方波等所需要的数字量
Char code dat[]={0x80,0x83,0x86,0x89,0x8d,0x90,0x93,0x96,0x99,
0x9c,0x9f,0xa2,0xa5,0xa8,0xab,0xae,0xb1,0xb4,0xb7,0xbc,0xbf,0xc2,0xc5,
0xc7,0xca,0xcc,0xcf,0xd1,0xd4,0xd6,0xd8,0xda,0xdd,0xdf,0xe1,0xe3,0xe5,
0xe7,0xe9,0xea,0xec,0xee,0xf1,0xf2,0xf4,0xf5,0xf6,0xf7,0xf8,0xf9,0xfa,
0xfa,0xfb,0xfc,0xfd,0xfd,0xfe,0xff,0xff,0xff,0xff,0xff,0xff,0xff,0xff,
0xff,0xff,0xff,0xff,0xff,0xff,0xff,0xff,0xfe,0xfd,0xfd,0xfc,0xfb,0xfa,
0xf9,0xf8,0xf7,0xf6,0xf5,0xf4,0xf3,0xf2,0xf1,0xef,0xee,0xec,0xea,0xe9,
0xe7,0xe5,0xe3,0xe1,0xde,0xdd,0xda,0xd8,0xd6,0xd4,0xd1,0xcf,0xcc,0xca,
0xc7,0xc5,0xc2,0xbf,0xbc,0xba,0xb7,0xb4,0xb1,0xae,0xab,0xa8,0xa5,0xa2,
0x9f,0x9c,0x99,0x96,0x93,0x90,0x8d,0x89,0x86,0x83,0x80,0x80,0x7c,0x79,0x76,0x72,
0x6f,0x6c,0x69,0x66,0x63,0x60,0x5d,0x5d,0x5a,0x57,0x55,0x51,0x4e,0x4c,0x48,0x45,
0x43,0x40,0x3d,0x3a,0x3a,0x38,0x35,0x33,0x30,0x2e,0x2b,0x29,0x27,
0x25,0x22,0x20,0x1e,0x1c,0x1a,0x18,0x16,0x15,0x13,0x11,0x10,0x0e,0x0d,
0x0b,0x0a,0x09,0x08,0x07,0x06,0x05,0x04,0x03,0x02,0x02,0x01,0x00,0x00,
0x00,0x00,0x00,0x00,0x00,0x00,0x00,0x00,0x00,0x00,0x01,0x02,0x02,0x03,
0x04,0x05,0x06,0x07,0x08,0x09,0x0a,0x0b,0x0d,0x0e,0x10,0x11,0x13,0x15,
0x16,0x18,0x1a,0x1c,0x1e,0x20,0x22,0x25,0x27,0x29,0x2b,0x2e,0x30,0x33,
0x35,0x38,0x3a,0x3d,0x40,0x43,0x45,0x48,0x4c,0x4e,0x51,0x55,0x57,0x5a,
0x5d,0x60,0x63,0x66,0x69,0x6c,0x6f,0x72,0x76,0x79,0x7c,0x80};
bit flag=0;
  void delay(unsigned  int N)
  {
  int i;
  for(i=0;i<N;i++);
  }


void conversion_once_0832(unsigned char out_data)
        {
        data_OUT=out_data;      // 输出数据
        delay(10);              // 延时等待转换
          }
uchar  keyscan()
{
 uchar key;
 if(P1!=0xff)
  {
   delay(61);
   key=P1;
   if(key!=0xff)
    flag= ~ flag;
    return(key);
```

```
      }

    }
    void triangle()
    {
      uchar k;
      for(k=0;k<255;k++)
        conversion_once_0832(k);
      for(;k>0;k--)
          conversion_once_0832(k);
    }
    void pulse()
    {
    conversion_once_0832(0xff);
    delay(1000);
    conversion_once_0832(0x00);
    delay(1000);
    }
    void fun3()
    {
      uchar j;
      for(j=0;j<255;j++)
        conversion_once_0832(j);
    }
    void fun4()
    {
     uchar i;
     for(i=0;i<255;i++)
       {
        conversion_once_0832(dat[i]);
       }
    }
    void main()
    {
     uchar temp;
     while(1)
      {
       temp=keyscan();
       switch(temp)
         {
          case 0xfe:
                  do{
                     triangle();
                     }while(keyscan()&&(flag==1));break;
             case 0xfd:do{
                     pulse();
                     }while(keyscan()&&(flag==1));break;
```

```
    case 0xfb:do{
                fun3();
                }while(keyscan()&&(flag==1));break;
     case 0xf7:do{
                fun4();
                }while(keyscan()&&(flag==1));break;
     default:break;
    }
  }
}
```

任务 7.3　拓展训练　直流电动机的控制

直流电动机实物如图 7-14 所示。直流电动机的工作原理非常简单，按照其工作电压的正负极来决定转向，正向加电则电动机正转，反向加电则电动机反转。

一般的直流电动机驱动电路如图 7-15 所示。当晶体管的基极电压小于死区电压时，晶体管截止，电动机不转动；当基极电压大于死区电压而小于饱和电压时，晶体管处于放大状态。直流电动机两端的电压降随基极电压的变化而变化，从而改变电动机的转速。直流电动机调速的原理为：基极电压的大小不同，晶体管的电压放大倍数也不同，从而起到调速作用，改变直流电动机的转速。

图 7-14　直流电动机实物

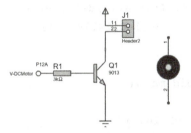

图 7-15　直流电动机驱动电路

在 Proteus 软件中按图 7-16 所示绘制 ADC0809 控制直流电动机转速的电路。

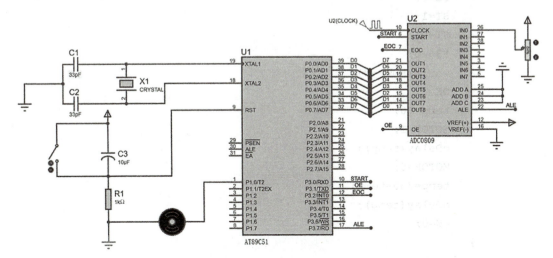

图 7-16　ADC0809 控制直流电动机转速的电路

　　使用 ADC0808、ADC0809 等 A/D 转换芯片，一般都从单片机的 ALE 引脚直接取信号，ALE 信号的频率约为晶振频率的 1/6（方波），假定晶振频率为 12MHz，则 ALE 出来的方波频率为 2MHz，然后用 74HC74 进行两次二分频，也就是除以 4，获得 500kHz 的方波，就可以送 A/D 转换芯片的 CLOCK 端。也可以使用单片机定时/计数器产生 500kHz 的方波作为 ADC0809 的时钟，这里为了简化程序，直接在 Proteus 中使用方波信号激励源，产生频率直接填为 500kHz。

　　ADC0809 控制直流电动机转速的程序代码如下。

```
#include<reg52.h>
unsigned int temp;
sbit ST=P3^0;      // 定义 ADC0809 转换启动信号
sbit OE=P3^1;      // 定义 ADC0809 数据输出允许位
sbit EOC=P3^2;     // 定义 ADC0809 转换结束信号
sbit CLK=P3^3;     // 定义 ADC0809 时钟脉冲输入位
sbit P36=P3^0;
sbit MOTOR=P1^0; // 直流电动机转速控制
/* 由 delay 参数确定延时时间 */
void mDelay(unsigned char delay)
{
unsigned int i;
  for(;delay>0;delay--)
     for(i=0;i<124;i++);
}

void main()
{
   while(1)
     {
         ST=0;
         OE=0;
         ST=1;
         ST=0;
         P36=0;
         while(EOC==0);
         OE=1;
         temp=P0;
         MOTOR=1;
         mDelay(temp);
         MOTOR=0;
         temp=255-temp;
         mDelay(temp);
         OE=0;
     }
}
```

项目小结

　　本项目使用 ADC0809 芯片实现了数字电压表设计。在 Proteus 模拟中 ADC0809 的 CLOCK 信号直接使用了 Proteus 方波信号激励源，产生频率直接填为 500kHz。本项目还介绍了 D/A 转换器设计，使用 DAC0832 的直通方式，只要数据送到 DAC0832 的数据口，就会转换为相应的电压。在程序中可以通过设置外部中断及一个标志位来选择波形信号的类型。

课后练习

　　1. 什么是 D/A 转换器？简述 T 型电阻网络 D/A 转换器的工作原理。

　　2. 本项目提及的 A/D 转换器和 D/A 转换器各有哪几种工作方式？分别叙述其工作原理。

参 考 文 献

[1] 钱游，侯爱霞 . 单片机实用技术 [M]. 西安：西安电子科技大学出版社，2017.

[2] 郭学提 . 单片机开发：从入门到实践 [M]. 北京：人民邮电出版社，2022.

[3] 宋雪松 . 手把手教你学 51 单片机 [M]. 2 版 . 北京：清华大学出版社，2020.

[4] 张建荣 . 单片机应用技术项目化教程 [M]. 北京：北京理工大学出版社，2019.

[5] 杨宏丽 . 单片机应用技术 [M]. 4 版 . 西安：西安电子科技大学出版社，2018.

[6] 牟淑杰，荆珂 . 单片机原理与应用实用教程：基于 Keil C 与 Proteus[M]. 北京：化学工业出版社，
2022.

[7] 程启明，赵永熹、黄云峰 . 单片机原理及应用 [M]. 北京：中国水利水电出版社，2022.

[8] 倪妍婷，程跃 . 单片机原理及接口技术：Proteus 仿真和 C51 编程 [M]. 北京：清华大学出版社，2022.

[9] 王惠贞，孙光明，崔京华 . 单片机技术应用项目教程 [M]. 北京：北京交通大学出版社，2019.

[10] 徐海风 . 单片机原理 [M]. 长春：东北师范大学出版社，2015.

[11] 冯川放 . 单片机原理及接口技术 [M]. 长春：东北师范大学出版社，2018.

[12] 龚运新 . 单片机 C 语言项目式教程 [M]. 北京：北京邮电大学出版社，2021.

[13] 冯佳 . 单片机技术及应用 [M]. 北京：北京出版社，2015.

[14] 肖前军，李会军，陈建华 . 单片机技术与项目开发教程：C 语言版 [M]. 北京：科学出版社，2021.

[15] 刘继光 . 单片机应用技术 [M]. 北京：北京邮电大学出版社，2016.

[16] 王耀琦 . 单片机原理与应用 [M]. 北京：科学出版社，2018.